KB264340

도시야간경관의 연출기법

김경인 · 브이아이랜드 譯

(주)브이아이랜드

추천사 (한국어판)

　최근 들어 야간활동의 수요가 급속도로 증대하였고 야간 환경의 질적 요구수준이 높아짐에 따라 서울시에서는 야간 경관을 체계적으로 조성하기 위하여 많은 노력을 기울이고 있습니다. 이의 일환으로 서울시 야간경관계획을 수립하면서 한강변을 중심으로 한 야간경관 개선사업을 시범적으로 실시하여 시민들의 많은 호응이 있었습니다.

　서울 외에도 전국의 주요도시가 야간경관개선을 통하여 쾌적하고 아름다운 생활환경을 조성하고 도시 고유의 아이덴티티를 부각하려는 노력을 경주하고 있습니다. 이는 지방화시대에 부응하는 긍정적인 변화라고 할 수 있을 것입니다.

　이와 같은 사회적 분위기에 맞추어 시민들이 야간조명에 대한 관심을 많이 갖게 되었고 업계에서도 점점 그 전문적 지식의 필요성을 실감하고 있어서 경관조명에 대한 지적 갈증이 점증되고 있지만 야간경관에 관한 전문서적이 그리 많지 않은 것이 우리의 현실입니다.

　이러한 때에 야간경관조명계획을 이론적으로 체계화하고 계획의 기법과 사례를 소개한 경관조명 전문서적을 쉽게 이해할 수 있도록 번역하여 발간함으로써 바람직한 야간경관 조성에 대한 지식을 공유하고 저변화하는 것은 매우 시의 적절하고 의의가 있을 것으로 생각됩니다.

　아무쪼록 본서가 조명디자이너, 도시경관에 관심있는 학도들에게 좋은 길잡이가 되어서 도시인에게 안락하고 쾌적한 야간환경을 제공하여 사람들의 활동을 지원하는 생활공간으로서의 밤의 역할을 충실히 할 수 있도록, 보다 발전된 도시의 야간경관으로 거듭날 수 있기를 기대합니다.

2003년 5월
서울특별시 주택국 도시경관팀장
안 재 혁

머 리 말 (한국어판)

　도시조명의 역사는 17세기 파리에서 시작된 최초의 가로등으로서, 이것은 파리 문화번영의 상징이 되었다. 19세기에 발명된 백열전구를 비롯한 새로운 광원은 인간에게 대량의 빛을 가져다 주고, 인간의 활동시간과 라이프스타일을 대폭 변화시켰으며, 도시조명의 발전은 문화의 척도가 되었다.

　도시조명은 이벤트, 아트, 라이트업 등의 형태로 새로운 조명의 표현을 도시공간에 전개시켜 왔다. 특히 박람회 등에서는 혁신적인 조명기술을 선보였으며, 이런 실험적인 조명은 점차 도시생활 및 활동 속으로 침투하여 도시공간의 어메니티 향상에 크게 기여해 왔다.

　조명기술의 혁신으로 라이트업과 일루미네이션 등 다양한 조명이 도시로 전개되고, 도시경관형성의 일환으로서 전국적으로 성행하게 되었다.

　도시의 야간경관은 아름다움, 알기쉬움, 친근감, 개성을 창출해야 하며, 그 주도적 역할을 조명이 담당하고 있다. 야간경관계획에서 조명의 역할은 빛이 갖는 의미와 효과를 유효하게 활용하여 보다 쾌적하고 아름다운 도시를 창출하고 주간경관과는 다른 도시공간의 연출을 담당하는 것이다.

　생활시간의 확대와 도시활동의 다양화, 생활환경의 질적향상과 함께 밤에 많은 사람들이 거리에 모이게 되므로 야간도 도시를 스테이지로서 연출하는 대상이 된다. 조명에 의한 아름다운 야간경관은 시민은 물론 관광객에게도 도시의 밤을 즐기고, 도시의 이미지업을 도모하는 역할을 하며, 개성있는 도시공간을 형성한다.

　지금 한국에서는 야간경관을 둘러싸고 활발한 움직임이 일어나고 있다. 계절적 일시적 이벤트와 대표적인 건축물 및 수목 등에 라이트업과 일루미네이션을 설치하는 경관조명이 도시에 보급되면서, 서울시에서도 고건축의 라이트업, 교량의 라이트업 등을 설치하고 있는 중이다. 이러한 사정은 한국에만 국한된 것은 아니며, 세계의 선진도시들도 라이프스타일의 변화에 따라 야간활동시간의 증가와 그것을 계기로 한 새로운 도시상을 모색하고 있다.

　이렇게 세계적으로 야간조명을 제고하자는 움직임 속에서 본서의 성립도 이러한 조류와 무관하지 않다.

　야간경관에 대한 관심이 기술담당자는 물론 시민에 이르기까지 점점 확대되고 있는 지금, 경관조명에 관한 전문서는 전무한 실정이다. 이러한 때에 본서는 야간경관계획을 위한 경관조명의 기본사고와 도시조명의 구체적인 사례를 담고 있어 실무적으로도 도움이 되고 있으며, 국내 경관조명분야에서 참고할 만한 서적으로 기술적 측면에서 예술적 측면에 이르기까지 포괄적인 내용을 담고 있다.

　본서가 한국 야간조명의 발전에 도움이 될 수 있기를 바라는 마음에서 한국출판을 무상으로 흔쾌히 허락해 주신 일본 건설성 담당자 및 도시야간경관연구회원들께 감사드리며, 이 과정에서 건설성과의 연락을 담당해 주신 일본 대성출판사의 미노우라씨에게도 고마움을 전하고 싶다.

2003년 5월

역자 김 경 인

추천사 (일본어판)

일본의 지위가 국제사회에서 점차 커지게 된 오늘날, 삶의 질과 정신적 만족을 추구하는 국민들의 요구가 정착되면서, 개성있고 문화의 향기를 느낄 수 있는 도시만들기가 요구되고 있습니다.

이에 아름다운 도시경관형성을 위하여 국가, 지방공공단체, 주민, 기업 등이 각자의 위치에서 적극적으로 참여하여 조금씩 단계적 성과가 보여지게 되었습니다. 특히 라이트업 등으로 야간경관을 아름답게 연출하려는 시도가 전국 각지에서 행해지고 있습니다.

도시 활동시간의 24시간화와 라이프 스타일의 변화와 함께, 밤은 중요한 생활시간이 되었으며, 이로 인해 아름다운 야간경관의 실현은 앞으로 점점 더 중요성이 증가하고 있다고 생각합니다.

이번에 에너지 절약과 환경에 대한 영향을 고려하면서 빛과 그림자의 연출로 도시의 아름다운 야간경관을 종합적으로 형성해 가기 위한 기본사고와 사례를 이해하기 쉽게 설명한 책으로서, 본서가 「도시의 경관을 생각한다」(大成出版社)의 속편으로 출판되는 것은 매우 뜻 깊은 일입니다.

본서가 양호한 도시경관을 만들어 나아가는데 일조할 것을 기대하면서 추천사를 가름합니다.

1987년 12월
건설성 도시국장
眞嶋 一男

머리말 (일본어판)

　도시는 지속적으로 성장하는 유기적인 시스템이고, 항상 시대의 사회적, 경제적, 문화적인 종합적 맥락 속에서 형성된 것이다. 따라서 시대의 변천과 함께 도시의 모습과 요구되는 이미지가 변화되어 왔다. 최근 일본에서도 다양한 정신적 문화적 풍요로움에 대한 요구가 증가함에 따라 어메니티, 개성 등을 중시하는 '여유와 윤택함이 있는 도시공간'의 창조가 강하게 요구되면서, 도시경관에 대해서도 이를 둘러싼 다양한 논의와 시책이 전개되고 있다.

　또 야간 활동시간의 증가 등 사람들의 생활양식이 변화함에 따라 도시경관의 향상을 위하여 주간 뿐 만아니라 야간에 대해서도 고려할 필요가 높아져 왔다.

　도시야간경관의 연출은 조명을 증가시켜 밝게 하는 것뿐만 아니라 과다한 조명을 제거하거나 억제하는 것도 중요하다. 이에 따라 필요한 조명효과를 강조하여 도시의 야간경관에 강약을 줄 수 있다. 또 에너지 절약과 자연환경에 대한 영향도 배려하면서 양호한 야간경관을 연출하여야 한다. 이러한 관점에서 빛과 그림자의 하모니를 목표로 하는 도시전체의 야간경관계획 (Light Plan)은 그 의의가 크다.

　본서는 이상의 관점에 의거하여 지금까지 검토된 〔도시경관토론회〕(좌장:요시노부 아시하라, 무사시노 미술대학 교수) 및 〔도시환경조명조사위원회〕(위원장 : 山田學, 동경대학 조교수)의 자문을 받아 건설성 및 조명, 도시만들기의 실무담당자 등으로 구성된 〔도시의 야간경관연구회〕의 손에 의해 정리한 것이다. 본서가 "도시의 빛(야경)"을 지금 다시 한번 재해석하고 야간경관을 계획적으로 재구성함으로서 도시를 더욱 더 매력있게 만드는 데 일조할 수 있다면 다행스러운 일이다.

1987년 12월
도시의 야간경관연구회

도시야간경관연구회 회원

山田學	토쿄대학교 공학부 조교수
石井幹子	조명 디자이너
齊藤六男	수도고속도로공단 계획부
中村俊輔	(재)도시미래추진기구
大森政市	(사)전기사업연합회
飯塚矩規	(사)조명학회
中尾隆太郎	(사)조명학회
松本稔	(사)조명학회
吉田博	(사)조명학회
熊尺雄一	(주)도시계획설계연구회
今枝忠彦	(주)도시계획설계연구회
松谷春敏	建設省 都市局 都市計劃課
林田康孝	建設省 都市局 都市計劃課

목 차

서론 아름다운 야간경관을 위하여

도시의 조명문화

빛은 야간에 사람들의 활동을 보호해 주고, 낮과는 전혀 다른 독자적인 밤 문화를 키워왔다. 따라서 야간경관은 그 문화의 반영이다.

(1) 인류와 빛

빛은 태고부터 인간의 생활과 밀접한 관계를 유지해 왔다. 불을 이용하여 인공적인 광원을 내기 이전, 인류에게 있어서 밤의 유일한 빛은 달이며, 밤의 밝기나 인간 활동은 달의 만삭에 의존해 왔다. 이러한 리듬이 결국 인간의 신체 리듬과 밀접한 관련이 있음은 이미 알고 있는 사실이다. 또, 밤하늘에 그려진 성좌는 인간에게 많은 꿈과 공상을 키워왔고 계절변화의 지표가 되었을 것이다. 게다가 밤하늘에 우글거리는 혹성과 유성은 길흉을 예언하는 초월적인 힘을 가지고 있었다. 이 때문에 태고부터 밤은 낮과는 명확한 대비를 가지며, 독자적인 철학문화를 만들어 오게 된 것이다.

그림자의 세계에 도입된 인공의 빛은 미지의 영역을 비추는 문명의 상징이었다. 松明, 등잔불, 오일램프, 가스등, 아크등과 같은 새로운 빛이 출현할 때마다 사람들은 감동하고 생활문화에 있어서 커다란 변화를 예감했다. 예를 들면, 메이지 5년 요꼬하마 바샤미찌(馬車道) 일대에 점등된 300개의 가스등은 도시의 명암에 휘황찬란한 빛을 가져옴과 동시에 세계로 눈을 열어준 메이지문화의 여명을 고하는 것이었다.

더욱이 빛은 보행자에서부터 항해 중의 배에 이르기 까지 편안함을 주고 그 안전을 보장하는 이른바 평화의 상징, 인간의 온정이며 종교와 같은 정신적 쾌감으로 충만된 자극이다. 또한 현대에는 쾌적한 야간활동을 연출하는 도시의 기반적 시설이라고도 할 수 있다.

밤하늘에 빛나는 별(대견좌)

긴자(銀座)에서 빛나는 아크등(東京銀座通電燈建設之)

에펠탑 일루미네이션(파리 만국박람회 1900)

제11회 일본 권업박람회 瓦斯館 일루미네이션(小林淸親畵)

(2) 도시와 빛

　도시에서의 조명역사를 보면, 17세기 파리에서 시작된 최초의 가로등이 루이 14세 치하 파리의 문화번영의 상징이었으며, 이후 19세기가 되면서 가스등이 유럽 각지로 보급되는 것에서 볼 수 있는 바와 같이 도시에서의 빛의 발전은 문명의 척도였다고 할 수 있다. 더욱이 19세기에 발명된 백열전구를 필두로 새로운 광원은 인류에게 대량의 빛을 가져다주고 사람들의 활동시간과 라이프스타일을 크게 변화시키고 있다.

　서구의 산업혁명에서 시작된 문명화는 기술이 발전하면서 절대적인 밝기를 추구하게 되고, 치안이라는 도시 안전성 확보의 측면에서 중요한 목적에 적합하게 되었다. 이 대표적인 예로 시 범죄가 많은 뉴욕에서는 항상 안전한 밝기의 가로등을 요구하여, 1950년대 이후 백열전구, 수은등, 고압나트륨램프와 같은 최신조명을 도입하고 있다.

　또, 도시의 빛은 밝기의 추구와 함께 이벤트, 아트, 라이트업 등의 형태로 새로운 조명표현을 도시공간에서 전개해 왔다. 1879년 백열전구가 발명되고 1889년 파리의 만국박람회에서 에펠탑이 무수히 많은 전구의 일루미네이션으로 장식된 것을 시작으로 그 후 박람회에서는 항상 혁신적인 최신 조명기술이 화려하게 전개되었다. 이러한 박람회 이벤트 등에서의 실험적인 조명은 점점 도시생활, 도시활동 속으로 스며들어 도시공간의 어메니티 향상에 크게 공헌해 왔다. 그리고 현대에서는 라이트업을 시작으로 다양한 조명이 도시 속에 전개되고 있다.

　그러나 도시공간에 넘쳐나는 '빛'이 그 자체로 반드시 풍요로운 공간 및 생활을 보장하는 것은 아니다. 현대도시는 유흥가에서 뿜어내는 빛으로 홍수를 이루고 있다고 할 수 있을 정도의 상태가 되어있는 반면 꼭 필요한 부분은 어둡게 침몰된 채로 있어, 있어야 할 장소에 있어야 할 빛이라는 관점에서 보면 문제를 안고 있다.

이제 우리들은 인류존재의 증거인 '빛'을 다시 한번 재해석하고 불필요한 빛을 제거 또는 규제하면서 필요한 곳에 바람직한 조명을 배치하는 빛의 연출을 실시함으로써 현대의 도시공간을 풍요롭고, 편안하게, 매혹적으로 만들 책임과 의무를 인식하고 빛을 잘 사용할 수 있는 지혜를 가져야 한다.

(3) 새로운 도시문화를 낳는 빛

밤은 기본적으로 직장에서 해방된 자유시간, 즉 정신적 육체적으로 속박없이 자유롭게 사용할 수 있는 자유시간이다.

유럽 등에서 사람들은 자유로운 시간에 정서적 만족을 추구하기 위해 음악과 연극을 즐기거나, 사람들과의 교류를 위해 사교계에 가거나 동료들끼리 클럽에 모이거나, 축제에 참여하기 위해 정장을 입고 레스토랑과 극장에 가는 등「성인문화」,「밤문화」를 키워왔다. 밤은 속박에서 해방된 정신으로 사람들이 자유롭게 토론할 수 있도록 하고, 새로운 아이디어를 부여하여 많은 문학과 예술, 철학이 태어날 수 있게 한 역사를 가지고 있다.

17세기에 프랑스 귀족사회에 생겨난 살롱과 시민사교장으로 이용된 카페는 18세기 계몽사상의 보급에 중요한 역할을 담당하였고, 근대 서구의 정신 및 이성 형성에 크게 공헌했다고 할 수 있다. 그 후 파리에서는 19세기 후반 카페 카바레의 전성기를 맞이하기 시작하여 세기말과 양차 전쟁 사이에는 베를린, 빈과 같은 유럽의 대도시에 나이트 라이프가 열리고 문학, 회화 등 예술분야에서도 많은 걸작이 생겨나기 시작하였다.

일본에서도 서구형 나이트 라이프는 문명의 개화와 함께 커다란 영향을 미쳤으며, 메이지기(明治期)의 鹿鳴館문화, 다이세이기(大正期)의 모더니즘 등을 통해 야간 문화형성의 한 흐름을 볼 수가 있다. 하지만 일본형 야간문화에는 기온(祗園), 요시하라(吉原) 등의 환락가, 아사구사 등의 유흥가, 변두리 등의 도시공간에서 볼 수 있는 바와 같이 일종의 저속함을 동반한다는 상징적인 측면이 있고 이것은 현대사회에도 통하고 있다.

무랑·드·라·가렛(르느와르畵)

도시문화를 형성하는 밤의 시간(파리·카루체라탄)

광장의 활기(로마)

전통적 문화의 화려함(파리 · 오페라좌)

새로운 도시공간의 연출(런던 · 루이스빌딩)

최근에는 퇴근 후 적극적인 생활방식에 부응하여 문화센터, 스포츠센터 등과 같은 시설이 많이 생겼지만, 미술관, 박물관, 도서관 등의 문화적 시설은 대응이 뒤쳐지고 있는 실정이다. 일본에서도 노동시간의 단축으로 자유시간이 증가함에 따라 밤이 자유롭게 마음을 즐기고, 정신을 고양시키며 추구하고자 하는「세련된 도시문화」를 일본에서도 적극적으로 창조해 가는 시대가 되었다. 사람들이 만취하여 활보할 수 있는 가로, 가족끼리 외출할 수 있는 장소, 예술에 끌려 자유롭게 즐기고 편안하게 담소할 수 있는 장(場)과 같이 도시문화를 밤의 도시로 만들어가는 것이 앞으로 매력있는 도시를 만드는 데 있어서 중요하다.

도시경관은 그 도시의 문화를 반영하는 것이며, 가로경관과 도시경관의 바람직한 모습은 인간의 활동을 유인하고 자극함으로써 새로운 도시문화를 키우는 토양이 되고 있다. 이러한 의미에서 새로운 야간 문화를 반영하고 또 지원지할 수 있는 아름다운 야간경관의 연출이 기대된다.

밤의 특성인「어두움」과「빛」에 의해 비로소 볼 수 있다는 특성은, 도시조명에 무한한 가능성을 부여하고 있으며, 그 장소의「아름다움」을 연출할 뿐 아니라 사람들의 흐름을 바꾸고 특정 목적의 사람들을 끌어들일 수 있는 장소의「분위기」를 만들고, 그 장소에「문화적 향기」,「반짝이는 불빛」,「감동」등을 적극적으로 만들어 갈 수 있다. 즉, 도시조명은 세련된 도시문화를 창조하고 키우는 역할을 담당할 수 있다.

도시에서 빛의 전개

양력	세계	일본
	인류의 불의 발견(약 50만년전)	
		●651 조정에서 만등회 ●東大寺 만등회 개최
500 1000 1500		
	르네상스	
1600 1700	●파리에 최초의 가로등 설치　루이 14세 치하의 파리문화번영의 상징 ●1654 파리에 최초의 카페 출현 살롱·카페를 중심으로 한 나이트 라이프의 발생(이성의 빛으로서 계몽사상 보급)	●행렬용 휴대용 제등 ●교토·大文字의 시작　　유흥가 외곽에 밤의 문화형성 ●1656 吉原遊郭의 탄생 ●1731 兩國 불꽃놀이의 시작
1800	산업혁명 ●유럽 각지에 가스등 보급 ●1808 아크방전의 발견(영국·더비) ●파리·카페의 전성 ●1874 파리 오페라 개장　●1879 백열전구의 발명(에디슨) ●1889 파리 만국박람회(에펠탑을 중심으로 만개 백열등과 1500개 아크등에 의한 조명)	●1872 일본 최초의 가스등(요꼬하마) ●1877 제1회 일본 勸業박람회(꽃기와 일루미네이션) ●1882 아크에 의한 가로등(긴자) ●1883 鹿鳴館에 가스등　서양문명에 영향 ●1890 아사구사 凌雲閣(아사구사 6區에 장식초가, 유흥가 발생)
1900 1910 1920 1930	도시미(City Beautiful)운동 전기시대의 개막 ●1918 최초의 라이트　박람회를 통한 조명기술의 발전 (파리 스트라스브르그 대사원) ●베를린의 나이트라이프 전성 (카바레, 콘서트홀) 양차대전 사이에 정신문화의 개화	●건축물의 일루미네이션 유행 ●1911 긴자에 카페 프렝탕　대중문화의 발생(모보, 모가) (긴자에 카페, 데파트 진출) 도시미 운동 ●1931 전국 의사당의 투광 조명
1940	제2차 세계대전	●전쟁동안 등화관제
1950 1960 1970 1980	●메탈할라이드 램프 고압나트륨등의 발명 ●뉴욕에서 밝기를 추구한 가로등의 발전(치안목적) ●나이트업 템즈 계획 Scrap and Build와 바꿀 수 있는 보전·재생·복원의 움직임(역사적 유산의 존중) ·1962 프랑스 마를로법 ·1967 영국 시빅 어메니티법	●수은등의 보급 ●1952 오오사까성 투광조명 ●1958 동경타워 개장기념 일루미네이션 설치 ●각지에서 성곽의 투영조명 도시경관에 대한 시민 및 행정의식의 고양
1990 2000		●1983 라이트업 오오사까 계획 ●1987 라이트업 요꼬하마 ●1989 동경타워의 라이트업 개선 ●1990 라이트업 프롬나드 · 니리 '99

자연의 빛(태양, 달), 불에 의한 빛

범람하는 광고물의 빛

어둠이 깔린 적막한 역전광장

셔터가 내려진 밤의 상점가

일본 야간경관의 현황 및 문제점

일본에서도 일부 도시에서는 시가지의 야간 활성화, 상업활동의 진흥, 시민생활문화의 다양화, 24시간 도시화·국제화에 대한 대응, 도시 역사에 대한 의식고양, 공공시설에 대한 이해와 친밀감 향상, 관광·리조트의 매력 향상, 이벤트 개최에 호응하기 위한 매력만들기 등 다양한 관점에서 매력적인 야간경관 형성을 추진하고 있다.

그러나 현재, 이러한 예는 아직 적고 일반적으로 꼭 바람직한 모습으로 출현하고 있다고는 할 수 없다. 예를 들면 번화가에는 천박한 네온사인이 범람하고 있어, 활기차고 즐겁기 보다는 오히려 불빛의 범람으로 인해 불쾌감을 주고 있다. 그리고 서로 비슷하면서 지나치게 밝은 공간의 연속으로 특징 없는 인상을 주고 있으며, 가로등과 상점가의 조명도 가로의 분위기와는 무관하게 디자인되는 경우가 많고 그 지역의 정체성도 점점 더 잃어가고 있다.

한편 많은 사람들이 모이고 도시의 얼굴, 현관이라고 할 수 있는 역 앞은 아주 어둡고 사람과 차량들의 복잡한 활동으로 불편을 주며 공간에 대해 알기 어려움을 주고 있는 곳이 남아 있다. 또 도시를 대표하는 역사적 건축물 등은 주간에는 도시 속에서 위용을 자랑하고 시민과 내방객에게 친근감을 주지만 밤에는 어둠 속에 매몰되어 버리는 경우가 많다. 게다가 도시의 주요 상점가 역시 밤이 되면 셔터가 내려져 윈도우 쇼핑도 불가능한 한산한 거리가 되는 경우도 있다.

이와 같이 일본의 야간경관이 안고 있는 문제는 아주 많다. 이러한 문제는 경관형성의 관점에서 야간공간의 의미(그 장소다움)와 사람들의 활동에 대한 배려가 충분치 않고 개개의 조명이 사정상 개별적으로 정비되었다는 점에 그 원인이 있다. 따라서 도시공간에서 빛의 적절한 사용위치를 정립하여, 쾌적한 공간을 창출하고 양호한 야간경관을 연출하는 것이 바람직하다.

야간경관의 계획적 정비를 위하여

(1) 야간경관이 추구해야 할 것

도시경관좌담회의 제언에서는 도시경관시책이 지향하는 것으로서 '양호한 도시경관을 형성하기 위해 우리들은 아름답고, 알기 쉽고, 친근감있고, 풍요롭고, 개성이 있는 도시를 만들고, 아름답게 살아야 한다'고 말하고 있다.

양호한 도시의 야간경관형성이 지향해야 할 것은 「아름다움」, 「알기쉬움」, 「친근감」, 「그 장소다움(개성)」을 만들어내는 것이라고 할 수 있고, 조명연출이 그 주도적인 역할을 한다.

예를 들면, 빛을 비추는 방법에 따라 공간의 크기, 깊이감을 디자인하거나, 일루미네이션으로 윤곽을 강조하기도 하고, 장식하는 등 아름다움과 친밀감을 연출할 수 있다. 또 목표와 계획에 맞춰 공간형식과 사람의 흐름을 설정하고, 활동에 관한 테마와 이야기에 의거하여 조명갯수를 선정함으로써 리듬감을 주고 방향성을 명확히 하며 알기쉬움과 그 장소다움을 강조할 수 있다.

또 새로운 밤의 도시문화를 창조하고 키우기 위해서는 밝기뿐 아니라 다양한 활동에 필요한 밝기와 어두움 확보에 의한 야간경관의 연출로 도시의 「고요함」, 「깊이감」, 「반짝임」, 「감동」을 창조하고 도시와 사람들의 활동과 흐름 그 자체를 바꾸어 가는 것도 필요하다.

결국 밝게 하는 것 뿐 아니라 역으로 그늘과 그림자를 만듦으로서 「고요함」, 「깊이감」을 연출하기도 하고 디자인된 조명으로 「반짝임」과 「감동」을 만들기도 하며, 이에 앞서 뭔가 있을 것 같아 발길을 돌리게 하는 「예감」을 주는 등, 정신고양과 진정한 액센트가 있는 세련된 밤의 문화를 선도해 가는 것이 필요하다.

영빈관(동경)

富士見公園 앞(가와사끼 · 국도 132호)

岩手銀行(盛岡)

開港廣場(橫浜)

주택지의 방범등

미쓰이(三井)은행 (名古屋)

(2) 야간경관 연출계획(Light Plan)의 필요성

도시경관은 다양한 경관요소로 구성되어 있고, 경관요소들의 상호관계와 도시전체 혹은 지역전체의 경관적 맥락이 중요하기 때문에 전체를 계획적으로 취급하는 관점이 필요하다.

야간경관에서는 다양한 조명이 중요한 경관요소가 되고 그들의 집합체로서 야간경관 향상을 도모하기 위해서는 조명상황을 전체적으로 파악하고, 계획적인 정비와 규제 · 유도를 도모할 필요가 있다.

예를 들면 조명방법이 그 장소에 어울리는가는 주위의 상황에 따라 다양한 평가가 내려질 것이며, 특정 장소에 어울리게 하기 위해서는 주위 상황과 조화를 이룬 것이어야 한다고 할 수 있다. 여기서 조명의 상호관계와 지역 전체의 야간경관과 조명상황을 파악하고 이들을 답습하면서 조명이 지향해야 할 모습으로 유도해 갈 수 있는 야간경관 연출계획(Light Plan)이 필요하다.

결국 도시경관이라는 관점에서 현대의 '빛'을 취급하고 결과적으로 이들 '빛'이 가져다주는 다양한 인상, 영향 등을 고려하여 효과적으로 조합함으로써 지향해야 할 양호한 야간경관을 '빛'으로 실현해 가는 것이다.

또 조명이 비추어지는 대상에 대해 지역전체의 관점에서 야간경관 · 조명정비의 목표와 지향해야 할 모습을 명시함으로써 양호한 야간경관의 형성을 실현해 나가기 위해서도 계획이 필요한 것이다.

조명을 야간경관에 도입하기 위해서는 각 주체의 이해와 합의가 필요하며 현황파악과 목표, 지향해야 할 모습의 설정 등 계획의 형성과정 그 자체가 개개의 이해를 더하여, 의식고양을 촉진하고 그 합의를 형성하는 장(場)으로서 유효하게 작용해 가는 것이 바람직하다.

1

제 1 부 야간경관 연출계획(Light Plan)의 기본사고

1 · 야간경관의 특징

빛의 양면성

빛은 경관으로 취급할 경우, 두 가지 측면을 갖는다. 예를 들어 도로면을 밝게 하기 위한 도로조명을 살펴보자.

하나는 비춰지는 부분의 빛이다. 도로면을 밝게 하기 위한 기능을 가지고 있는 조명으로 도로면과 그 주변의 가로수와 건물을 비추고 이러한 불빛의 공간적 확산이 야간경관의 요소가 되고 있다.

또 하나는 발광체 그 자체에 의한 빛이다. 도로조명은 그것이 도로면을 비춤과 동시에 그 광원 그 자체가 발광체로서 점적, 선적으로 보임으로써 야간경관의 요소가 되고 있다. 「조명」의 경우 일반적으로는 대상을 비추고 밝게 한다는 의미에서 전자가 중심적으로 취급되지만 도시경관 전체에 입각해 취급하게 되면 비춰지고 있는 부분의 공간적 확산을 형성하는 불빛과 발광체 그 자체에 의한 불빛의 양면성이 끊임없이 존재하고 있음을 중시하여야 한다. 물론 도시의 야간경관에서 큰 영향을 주고 있는 광고물의 네온사인 등과 같이 본래의 기능이 다른 물체를 비추는 것이 아닌 일루미네이션(발광)의 기능을 갖는 빛에 대해서도 양면성을 갖는다고 할 수 있다. 이들은 기본적으로는 자발광체(自發光體)로서의 기능이 강하다고 할 수 있지만, 이것도 잘 보면 우리들은 일루미네이션으로 비춰진 수목과 주변 공간, 네온사인의 점멸로 비춰지는 건물의 벽면을 바라보고 있는 것이다.

야간경관의 조성 시에는 발광체 그 자체와 이로 인해 비춰지고 있는 빛의 양면성에 유의해야 한다.

발광체의 빛과 노면의 밝기

연속되는 발광체와 비춰지는 교량의 골격

장면조작의 예

장면과 연속성

도시경관형성에서 장면과 연속성이라는 관점에서의 접근이 있는데, 이것은 야간의 도시경관형성에 있어서 아주 의미있는 접근이다.

(1) 장면(Scenery)/정지한 시점장에서의 경관형성기법

장면(Scenery)이란 제한된 한 장면의 조망이며, 연극 무대의 일막과 같은 의미가 있다.

아무 의미없는 각각의 장면을 우리들이 쾌적하게 느끼는 것은, 태양이 비치는 정면의 건물, 완만한 도로의 구부러진 정도, 사람들을 감싸는 듯한 그늘을 만드는 큰 나무 등 그 장면 전체를 구성하는 다양한 요소들이 이루는 공간구성과 형상이 시각에 호소하기 때문이다. 도시 야간경관에서는 특히 이러한 경관구성의 형상이 중요하다.

이는 야간에는 조명되는 대상밖에 보이지 않는다는 특성으로 인하여 특정요소를 조명하거나 하지 않는 등 의도적으로 한 장면의 경관요소를 선택하고 구성하는 것이 가능하기 때문이다. 또 야간에는 조명으로 인한 공간의 크기, 요소의 위치관계, 질감, 따스함, 차가움 등의 시각적 효과를 강조하거나 계절감을 연출하거나 해서 주간과는 달리 경관을 용이하게 조작할 수 있기 때문이다.

그러나 우리들이 일상의 도시경관을 단지 보이거나 보이지 않는다고 하는 시각적인 의식만으로 이해하고 있는 것은 아니다. 가게의 스피커에서 흘러나오는 음악, 잡담하는 사람들의 소리, 꼬치구이가게의 구미를 당기는 냄새, 피부에 닿는 상쾌한 바람 등 다른 요소들과 함께 장면을 기억하게 되는 것이다. 결국, 경관을 다룰 때에는 눈에 보이는 것뿐 아니라 인간을 둘러싸고 있는 환경 전체를 감안해야 할 것이다. 야간에는 시각적으로 제약을 받기 때문에 다른 감각이 예민하게 된다.

이와 같은 측면에서 보면 야간의 도시경관에서는 장면형성기법이 큰 역할을 한다.

또 파노라마와 스카이라인의 연출 및 아이스톱, 초점, 가각 등 가로의 시각적 요소를 위한 정확한 빛의 연출과 빛의 액세서리의 부가, 더욱이 자동차, 열차, 선박 등의 움직이는 빛에 대한 배려를 통해 야간경관을 한층 더 향상시킬 수 있다.

(2) 연속성(Sequence)/이동하는 시점 장에서의 경관형성기법

우리들은 대부분의 경우, 멈춰서서 보거나 실내에서 창밖을 보는 것처럼 도시공간을 정지된 상태로 조망하는 것이 아니라 걷거나 자동차에 타거나 해서 대부분 이동하면서 보고 있다. 그리고 이러한 움직임 속에서 취급한 장면의 각 단편을 연결하는 것처럼 뇌리로 재구성함으로써 그 도시·지구를 이해한다. 예를 들면 일루미네이션으로 보석처럼 수놓인 교량을 건너면 수면에 비치는 아름다운 야경의 스카이라인에 감동하게 되고 시가지에 들어서면 창밖으로 새어나는 불빛에서 그 도시와 지역의 서민생활을 느낄 수 있다. 게다가 일직선의 도로조명이 따스한 커브를 그리기 시작하면, 정면에는 라이트업 된 도시를 대표하는 역사적 건축물이 나타난다. 우리들은 이러한 도시를 인식하고 그 도시에 친밀감과 애착을 느끼는 것이다.

랜드마크가 가져오는 연속조작을 예로 들면, 요꼬하마시에서 메이지(明治)·다이세이(大正)·소화(昭和) 초기의 근대 건축물만을 추출하여 여기에 조명을 비추면 야간의 관광객에게 요꼬하마시는 서구적인 도시로서 인상을 주게 될 것이다.

이와 같이 야간경관에서 장면을 선별하고 이것을 교묘하게 구성하여 연속시킴으로써 스토리성이 있는 야경족자를 도시공간에 창조할 수 있다. 연속적인 족자로 구성된 장면은 역으로 조그마한 변화도 없는 장면으로 생생하게 남게 된다.

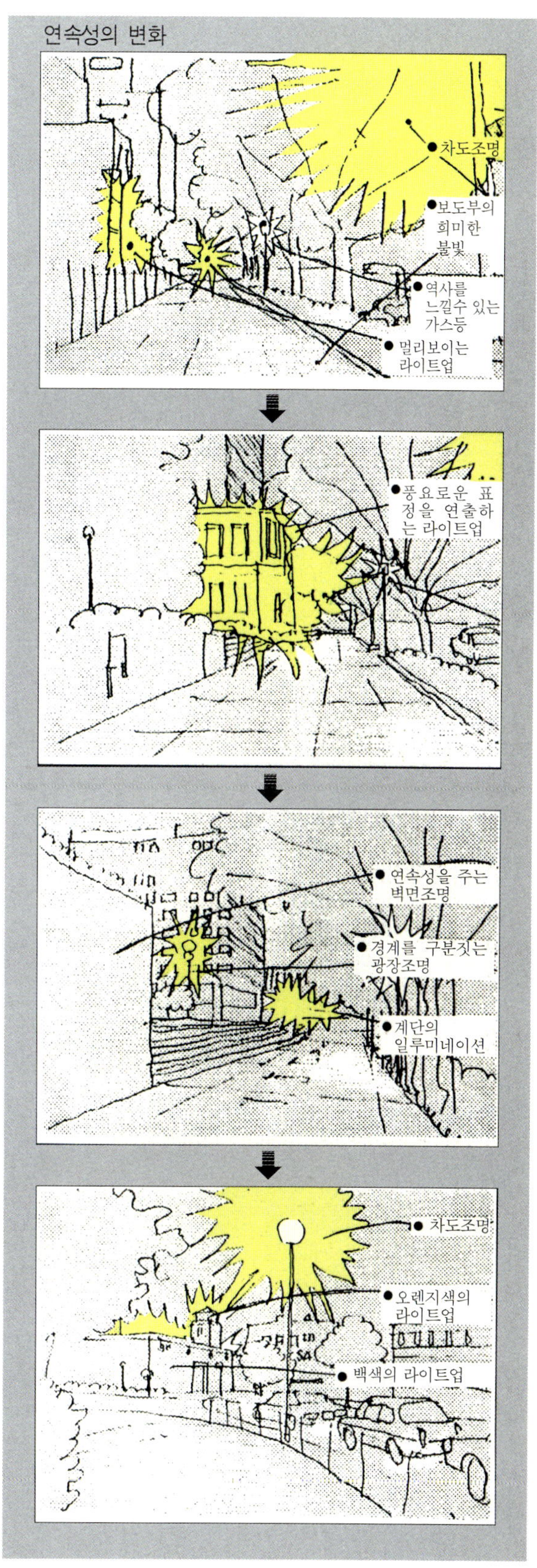

(3) 시간의 연속

경관의 연속적인 변화에 착안할 경우, 시점장의 이동에 의한 변화와 함께 시점장은 일정해도 시간변화가 가져다주는 경관변화를 들 수 있다.

저녁하늘에 점등되는 일몰기의 빛을 시작으로 도시는 드디어 밤 생활을 즐기는 활동적인 빛으로 가득 찬다. 그리고 밤은 다시 사람들이 귀가를 서두르는 한밤중의 빛을 거쳐 지평선 위로 떠오르는 여명까지 조용한 불빛으로 변화해 간다.

이러한 시간변화에 따른 빛의 변화를 시간의 연속이라고 할 수 있을 것이다.

특히 일몰의 빛에서 달, 별이 빛나는 때를 거쳐 일출의 빛에 이르는 자연광에 의한 빛의 변화는 인간의 생리적 측면을 지배하고 시간의 변화를 이야기하고 야간의 경관인식을 한층 확실한 것으로 만든다.

이러한 측면에서 시간 연속의 관점을 경관형성기법 속에서 짜 맞추어 가는 것은 의미 있는 것이라 할 수 있다.

빛과 그림자의 질서

양호한 도시야간경관형성을 위해서는 도로조명, 보도조명, 건물의 창에서 새어 나는 불빛, 라이트업 된 건물·공작물, 자동차의 전조등, 텔램프, 광고조명 등 다양한 빛으로 구성되어 있는 야간의 도시공간을 연출하는 것이 중요하다.

이를 위한 구체적인 방법은 광원과 기구(등구)를 「있어야 할 곳」에 배치하고 (광원의 이동 및 점멸을 포함), 「있어야 할 밝기(어둡게 하는 것을 포함)와 색」을 만들어내는 것이다.

이러한 경우 「있어야 할 곳」을 찾아내고, 「있어야 할 밝기·색」을 만들어 가는 것에 대한 종합적인 검토가 필요하고, 이것이 도시조명을 고려하는 중심적인 테마가 된다. 왜냐하면 「있어야 할 곳」과 「있어야 할 밝기·색」은 일시적으로 정해지는 것이 아니라 도시의 개성과 조명목적에 따라 다양하게 검토되어야 할 내용이기 때문이다. 그리고 「있어야 할 밝기·색」을 만들어내는 방법도 광원과 기구 및 그 배치에 대해 무한히 생각해 낼 수 있다.

따라서 여러 가지 빛으로 구성된 야간경관의 연출방법은 매우 다양하다.

그러나 실제로 도시의 야간경관을 관찰해 보면 ①저 불빛은 아주 좋다, ②저 불빛을 조금 더 강조하면 훌륭하겠는데, ③새로운 빛을 추가할 수 없을까, 반대로, ④여기의 불빛은 아무래도 경관을 혼란시키고 있다는 느낌이 든다. 이와 같은 관점에서 빛과 그림자의 질서에 대한 기본적인 사고방식은 다음의 4가지로 집약된다.

스카이라인을 만드는 창의 빛

사람들을 끌어들이는 쇼윈도우의 빛

휴먼스케일의 광장의 빛

① 좋은 빛을 남긴다.

예를 들면 역사적으로 가치있는 가로등의 격조높은 불빛, 활기와 즐거움을 주는 유흥가의 불빛, 지역의 생활을 상징하고 인상적인 가로의 스카이라인을 형성하는 고층주택의 창에서 새어 나오는 불빛 등이다. 스카이라인의 불빛에 대해서는 이러한 경관을 바라보는 시점장의 확보와 그 장소의 조명(시점장이 어두울수록 확실하게 보인다)이 중요하다.

② 특정 빛을 개선하여 활용한다.

예를 들면 배경의 야경과 그림자, 연속된 세련된 디스플레이 디자인이 줄지어 있는 상점가의 쇼윈도우, 기능을 충족시키기 위해 밝게 비추는 도로조명, 차분함과 밤의 분위기, 정취있는 희미한 불빛의 골목길 등을 개선하고 활용할 수 있다.

③ 필요한 빛을 첨가한다

예를 들면 보행자의 얼굴을 아름답게 비추는 보도와 광장의 휴먼스케일을 느낄 수 있는 빛, 도시의 역사를 대표하는 건축물 등에 대한 라이트업 조명, 컨벤션과 24시간 도시의 거점으로서 새롭게 정비된 지구로 사람들을 끌어들이는 빛 등을 들 수 있다.

④ 지나치게 밝은 빛 · 싫증나는 빛을 규제 · 제거한다.

예를 들면 그 장소에 어울리지 않는 크고 지나치게 밝고 화려한 광고조명, 파손되고 오염되어 둔탁한 빛을 방사하는 가로조명, 도시를 대표하는 빛의 배경을 이루는 혼란스러운 가로의 불빛 등을 들 수 있다. 너무 이른 시각에 셔터를 내린 업무빌딩 등도 상점가의 활기를 분단시키는 어둠으로써 들 수 있다.

한편 안정감이 있는 주택가 및 라이트업의 주변과 배경의 과도한 밝기의 억제 등을 들 수 있다.

　도시경관을 다룰 경우 단지 빛뿐 만이 아니라 그 장소의 환경전체가 대상이라는 점에 입각하면 이상의 4가지 접근은 효과적이다.

　물론 어떤 특정 빛이 왜 좋은가, 왜 나쁜가 그리고 그것을 누가 그렇게 평가할 것인가에 대해서는 다루어야 할 논제가 많이 있다. 그러나 좋고 나쁨의 평가의 주체는 전문가의 지식과 경험과 함께 기본적으로 도시나 역사내지는 생활을 알고 있는 시민, 지역주민에게 있다고 할 수 있다. 그리고 그 평가는 다양한 불빛-각각의 기능과 목적이 있으며 주체도 다름-을 하나의 틀 속에서 전체적으로 다룸으로써 보다 정확하게 접근해 갈 수 있을 것이다.

2 · 야경계획의 현황

시가지의 전개를 파노라마(小樽)

대상과 전개

도시조명은 크게 교통안전과 방범을 위한 '빛', 호객을 위한 광고의 '빛'과 같이 공간기능의 확보 및 보장에 주안점을 두고 있는 '빛'과, 건축물의 라이트업과 일루미네이션 등 야간의 도시경관을 연출하는 것에 주안을 두고 있는 '빛' 등 두 종류가 있다. 이와 같이 두 종류의 조명은 그 의도나 목적은 다르지만 도시야간조명을 형성하는 하나의 구성요소라고 생각한다.

전자의 빛은 그것이 야간경관의 구성요소임을 다시 한번 인식하고 경관향상에 기여하도록 고려해야 한다. 후자는 라이트업되는 건축물의 불빛이 보행자공간을 부드럽고 밝게 하는 등의 효과를 위해 보도에 일정한 밝기를 확보하고 보도조명을 규제하는 등의 기능적인 조명과의 보완적 관계를 고려해야 한다.

도시의 야간경관을 보는 관점과 그 전개를 고려해 보면,

① 도시에 인접한 산과 고층 빌딩, 전망타워 등 높은 시점장에서 본 도시의 전경

② 멀리서 본 도시의 스카이라인

③ 특정시점에서 건물 너머, 또는 통로와 하천을 통해 보이는 고층 빌딩과 타워 등의 전망

④ 교차점 등에서 보이는 지구 전체의 경관

⑤ 보도에 서서 보이는 도로변 경관

⑥ 주행 중의 자동차, 열차 등에서 보이는 시시각각 변하는 경관

등이 있고, 이것을 계획대상 범위에서 보면 ①②는 도시전체 레벨에서 ④⑤는 가로·지구 레벨에서 ③⑥은 쌍방에서 계획되어져야 할 것으로서 정리할 수 있다.

예를 들면 도시전체의 야간경관을 연출하는 조명과 도시의 축을 부각시키는 조명은 도시전체를 대상으로 한 계획 속에 자리 잡아야 할 것이며, 보도조명과 건물 1층 부분의 라이트업, 쇼윈도우, 광고조명 등은 가로단위 또는 지구단위의 좁은 범위를 대상으로 한 상세한 계획 하에서 정립되어야 할 것이다.

또 가로와 지구조명의 현황은 도시전체에서 그 가로와 지구의 위치정립, 정비목표를 받아 설정되어야 하기 때문에 우선, 도시전체를 대상으로 한 광역계획으로써 상징과 골격이 되는 중요한 시설조명과의 상호관계와 계획목표를 정함과 동시에 도시를 구성하고 있는 개개의 가로와 지구의 야간경관을 가치평가하여, 기대되는 역할을 명확히 함이 대전제가 된다.

또 활기와 화려함을 만들어내는 빛의 밝기를 억제해야 할 지구도 구분해야 한다. 그리고 가로와 지구 등의 조명계획은 모두 그 도시 전체계획에서 내린 가치평가와 기대되는 역할을 존중하면서 가로와 지구로서의 좀더 상세한 내용을 정해가야 한다.

특히, 도시의 상징과 골격이 되는 조명은 원경과 조망 등 도시전체의 야간조명 속에서 큰 역할을 도모함과 동시에 그 주변지구의 야간경관에도 영향을 끼치며, 도시레벨과 지구레벨이 다른 관점에서 평가되고 각각의 대상이 되는 범위에서 주변 조명과 조화를 도모해야 한다.

이상에서 알 수 있는 바와 같이 도시의 야간경관계획에서는 우선적으로 도시전체를 대상으로 하는 계획-도시 야경계획-의 책정이 필수적이며 다음으로 필요에 따라 가로와 지구레벨에서의 상세한 계획-지구 야경계획-의 책정이 중요하다.

입체적인 도시의 파노라마(뉴욕)

하천 넘어 보이는 도시의 스카이라인(런던)

하천변의 스카이라인(오오사까)

도시 야경계획

도시전체 또는 경관적으로 통일감있는 도시적 스케일을 갖고 있는 지역을 대상으로 한다. 도시의 야경계획에서는 도시야간경관의 현상 및 과제를 명확히 하고, 그 형성목표를 제시한다. 다음으로 조명해야 할 도시적 스케일의 경관구성요소, 예를 들면 높은 시점장에서의 파노라마 경관과 스카이라인 조망, 도시의 골격과 방향성, 도시를 특징짓는 건축물, 공작물 등을 추출하고 이에 대한 조명방침을 제시한다.

또 도시 내에서 전개되는 활동과 사람들의 흐름에 대한 스토리에 의거하여 도시를 구성하는 가로와 지구 내에서 동질적인 지구를 분류하고 지구마다 성격을 부여하여 각각 해야 할 역할과 위치를 명확히 설정해 가야 한다.

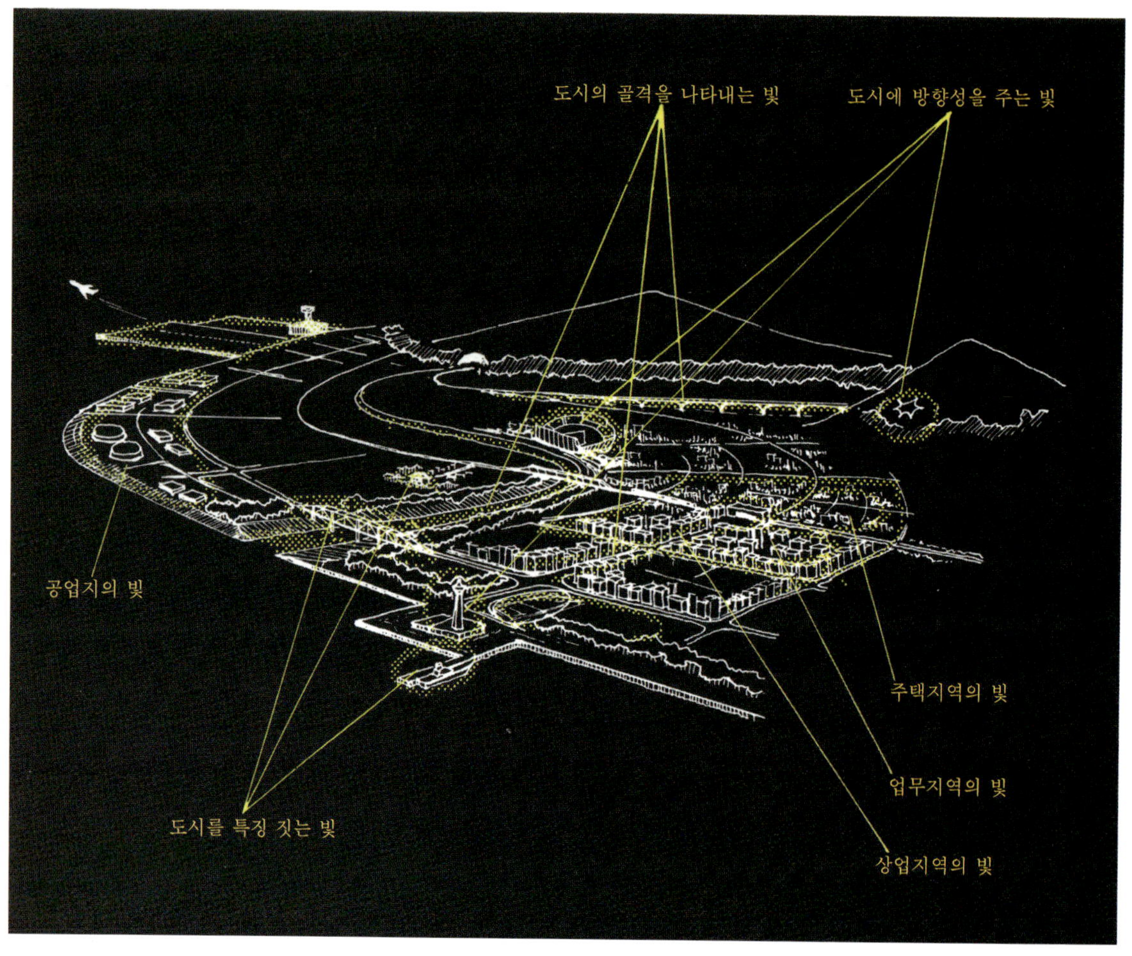

　도시의 야경계획에는 다음과 같은 내용이 필요하다.

① 도시야간경관의 현황 및 과제의 파악

　산, 하천, 바다 등이 형성하는 자연지형 및 철도와 간선도로 등이 형성하는 골격적 도시시설이 경관구조를 어떻게 형성하고 있는가를 이해함과 동시에 도시 빛의 현황과 더불어 야간 도시활동의 현황을 파악하여 야간경관의 현황과 과제를 정리한다.

② 목표설정(야간경관연출의 컨셉)

　도시의 특징, 경관구조, 야간경관 등의 현상을 파악하고, 도시전체에 대한 야간경관형성의 목표를 설정한다.

③ 도시스케일 경관요소의 추출과 조명방침의 설정

　도시스케일의 경관구성요소는 야간경관형성에서 도시의 아이덴티티를 높이고 도시의 인지도를 높이는 역할을 갖는다. 철도, 간선도로 등의 골격적인 도시시설과 도시를 특징짓는 건축물, 공작물과 같은 도시스케일의 경관구성요소를 추출하고 계획목표에 의거하여 이들 조명의 바람직한 방향을 찾는다.

④ 각 지구의 빛의 성격형성과 정비의 방향 정립

　도시에 분포하는 다양한 빛을 지구의 성격별로 조닝하고 지구의 특성, 지구 내 사람들의 활동 등을 토대로 각 지구의 밝기와 조명의 바람직한 방향을 찾는다.

다양한 빛에 의한 도시의 스카이라인(고베)

도시를 특징지우는 건축물의 조명(런던 · 빅벤)

도시를 대표하는 지구를 화려하게 연출(히메지 · 오오테마에도오리)

차분하고 기품있는 공간을 연출(런던 · 바비칸센터)

지구 야경계획

지구의 야경계획은 그 지구의 토지이용 등의 특성과 야간경관의 현상과 과제를 토대로, 도시의 야경계획에서 지구의 가치평가를 받아 지구전체에 대한 야간경관의 목표를 정하고 그 지구의 야간경관구성요소의 중요도와 성격에 따라 조명디자인을 하면서 지구전체가 추구해야 할 모습을 가능한 한 명확한 이미지로 제시하고 그 실현을 위한 구체적인 정비의 모습 및 규제 · 유도의 방법을 상세하게 설정한다. 지구의 야경계획에는 다음과 같은 내용이 포함되어야 할 것이다.

① **지구의 조명·야간경관의 현황 및 과제의 파악**

상업지구, 업무지구, 주택지구, 공업지구, 녹지지구 등의 성격과 역선, 도심부, 관광지, 역사적 가로 또는 수변 등의 특징을 파악하고, 야간의 인간행태 등을 고려하면서 야간행태를 위한 경관요소와 조명의 밝기, 색, 전체적 균형 등을 파악하고 문제점을 도출한다.

② **지구 야간경관 목표의 명확화**

지구의 성격과 특징, 야간경관의 현황과 문제와 함께 도시 야경계획에서 설정된 지구성격의 정립과 해야 할 역할, 목표 등을 종합적으로 판단하면서 지구 전체차원에서 야간경관의 목표와 정비이미지를 명확히 한다.

③ **지구의 경관요소 및 조명디자인의 검토**

지구야간경관의 목표와 이미지를 토대로 도시야경계획에서 다루어야 할 경관요소의 연출에도 배려하면서 지구레벨에서 중요한 야간경관요소에 대해 밝기, 색, 배치 등의 조명디자인과 함께 주변과 배경의 밝기억제를 포함한 연출방법을 검토한다.

④ 개개의 조명을 정비하는 주체, 수법, 프로그램 등에 대해 검토하고, 밝기의 제거와 억제를 위한 규제 · 유도 방책의 내용, 실시방법 등에 대해 검토한다.

야경계획의 테마 사례

도시야경계획과 지구야경계획을 수립할 때 목표가 되는 테마의 사례는 다음과 같다.

①백만달러의 야경을 지향한다
②인상적인 가로의 스카이라인을 형성한다
③소극적인 빛으로 도시의 안정감을 형성한다
④밤의 랜드마크를 만든다
⑤빛의 보행자 네트워크를 구성한다
⑥도시의 진입부를 선명하게 한다
⑦가로의 역사에 빛을 밝힌다
⑧가로에 세련된 성인문화를 양성한다
⑨24시간 도시를 연출한다
⑩밤에도 사람들의 숨결이 느껴지는 도시를 만든다
⑪야간의 리조트 경관을 수놓는다
⑫눈에 반사되는 밤의 반짝거림을 연출한다
⑬가각(코너)을 매력있는 빛으로 비춘다
⑭워터프론트를 야간생활의 무대로 한다
⑮일루미네이션으로 가로에 액센트와 즐거움을 준다
⑯밤의 가로를 아름다운 사인으로 부각시킨다
⑰가로에 빛의 메시지를 전한다
⑱빛의 조각이 펼쳐지는 예술도시를 만든다

이들 외에도 다양한 테마를 제시해 줄 것이다. 이러한 테마를 설정하는 것은 도시야경계획과 지구야경계획을 수립함에 있어 알기 쉽게 목표를 주는 것이다.

더욱이 테마에 따른 이야기, 예를 들면 정신 고양과 안정감을 교대로 느끼며, 예감과 함께 점차로 정신을 고양시켜가며, 고요함에서 가각을 돌면 갑자기 반짝이는 가로가 나타난다고 하는 구체적인 장면을 제시하고 감동적인 장면의 형성을 추구하는 것도 야경계획의 수립에 유효한 지표가 될 것이다.

계절을 채색하는 밤벚꽃의 연출(오오츠)

야간 리조트 공간의 연출(기후켄)

워터프론트의 활기 연출(釧路)

밤에 떠오르는 도시의 예술(런던·타워브릿지)수립순서

도시야경계획의 Flow Chart

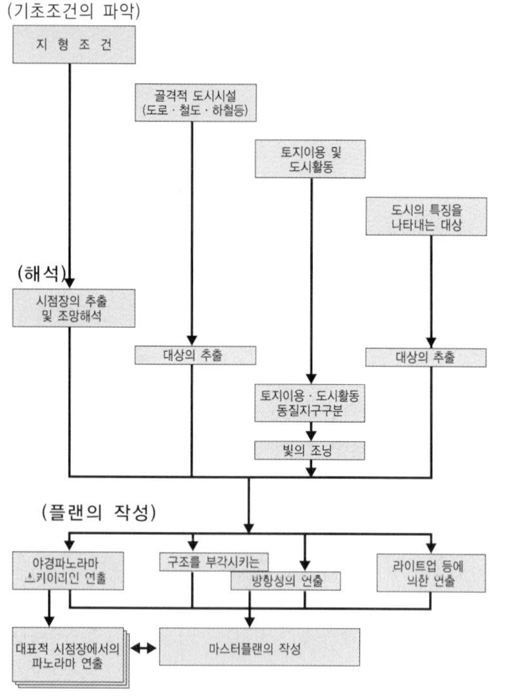

지구야경계획의 Flow Chart

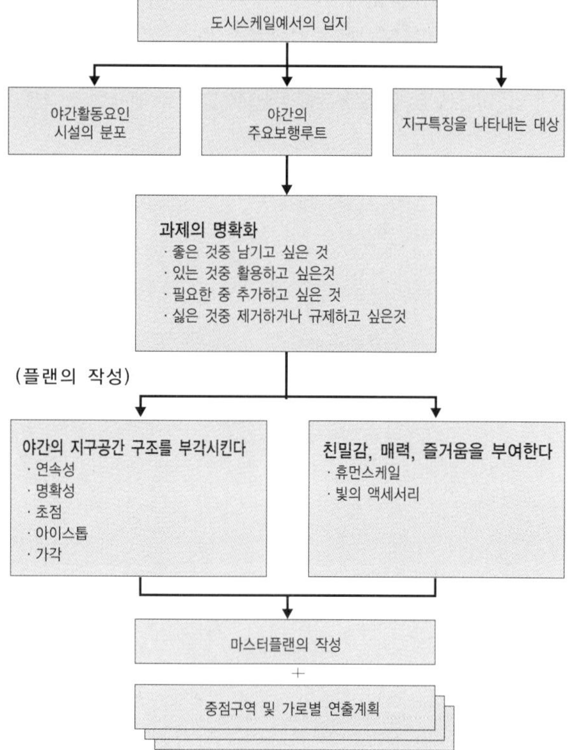

수립순서

야경계획을 수립하기 위한 순서는 대상이 되는 도시 · 지구의 현황과 수립목적, 동기에 따라 다양하다.

왼쪽에서 보여주는 도시야경계획 및 지구야경계획의 수립흐름은 제1부 · 4에서 검토한 바 있는 사례연구에서 채택된 흐름이며, 다양하게 생각할 수 있는 프로세스 중의 한 예이다. 앞으로 각 도시 · 지구의 야경계획 수립 시 창의적으로 검토할 것을 기대한다.

계획수립의 기본적인 순서로는 대상이 되는 도시와 지구를 알기 위한 기초적인 조건을 파악하고, 그런 다음 이것을 근거로 계획에 대한 해석을 하고 마지막으로 계획을 수립하여 종합하는 3단계를 밟는 것이 일반적이라고 한다. 본 흐름은 이러한 관점에서 구성되어 있다.

또 도시야경계획과 지구계획의 양자의 상호관계를 설정하고 각 단계에서 유의하여야 한다.

3 · 야간경관의 계획기법

야경계획수립에서 계획가에게는 종합적인 판단력과 함께 공간의 크기와 성격을 정확하게 파악하고 이것을 새로이 구성하는 공간구성력과 감성이 요구된다

이와 같은 야경계획수립과 관련된 계획기법의 기본적인 사항을 대상으로 하는 것(조명체), 수법 및 연출 포인트 이 세 가지 관점으로 정리한다.

＊(照明體란, 계획대상이 되는 야간경관의 구성요소로, 어떤 경우에는 비춰지는 대상이기도 하고 어떤 경우에는 조명(광원, 등구) 그 자체를 가리킨다)

도시스케일의 계획기법

도시스케일의 계획기법에서는 야경의 파노라마와 스카이라인을 보여주거나, 도시구조를 강조하거나 혹은 특징적인 것을 부각시켜 도시의 아이덴티티를 높이는 것, 도시에 방향성(오리엔테이션)을 주거나, 때와 계절감을 주기도 하고 또 도시에 알기 쉬움을 주는 점이 중요하다.

도시스케일의 계획기법

도시의 아이덴티티를 고양한다	야경파노라마를 보여 준다
	야경의 스카이라인(지상에서의 전망)을 보여 준다
	도시구조를 강조시킨다
	특징적인 것을 부각시킨다
도시를 알기 쉽게 한다	빛으로 방향성을 부여한다.
도시에 시간감각을 부여한다	빛으로 계절감과 시간감각을 부여한다.

도시의 랜드마크(교토 · 토오지(東寺)와 교토타워)

도시의 아이덴티티(파리 · 에펠탑)

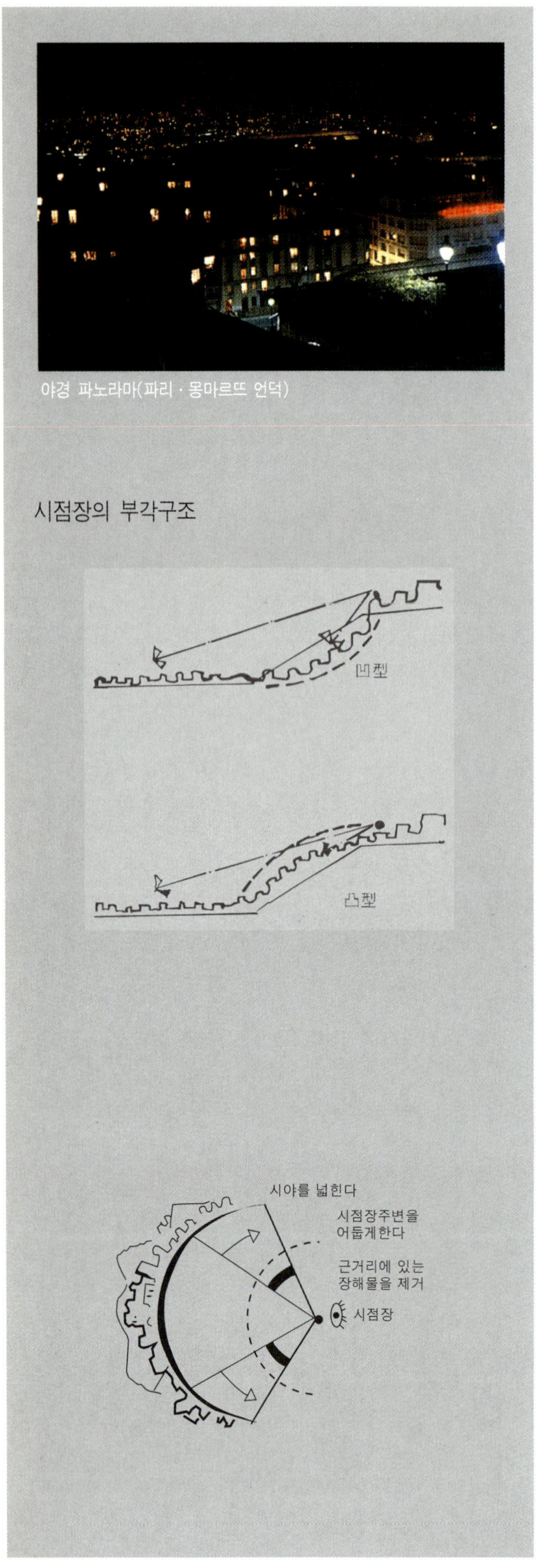

야경 파노라마(파리 · 몽마르뜨 언덕)

시점장의 부각구조

(1) 도시의 아이텐티티를 고양한다

밤에 도시의 개성을 어필하고, 도시의 전모를 보여줌으로써 도시의 아이덴티티를 높인다.

① 야경 파노라마를 보여준다

조명체

건물, 도로, 항구, 공항 등의 불빛(조명을 받는 것과 광원), 옥상광고탑이나 자동차, 열차, 선박, 항공기에 의한 움직이는 불빛과 함께 도시를 구성하는 다양한 불빛의 집합체이다.

수법

· 누구든 언제나 갈 수 있는 공개된 시점장을 확보한다(이러한 장소는 관광명소도 될 수 있는 중요한 포인트이다).
· 시점장과 그 주변은 가능한 한 어둡게 한다.
· 파노라마의 구조와 확대를 강조하기 위하여 조명체를 필요지점에 배치한다.

연출 포인트

· 시점장은 탑위, 빌딩의 상층부, 산위(공원, 신사 등), 고가철도 · 도로 등이 될 수 있다
· 시점장의 부각구조가 凹형이라면 다이나믹한 인상을 준다
· 격자형 도로의 가로등은 원근감과 공간의 확장감을 명쾌하게 한다.
· 면적, 입체적으로 확대하기 위해서는 탑 혹은 양감있는 건축물, 공작물을 눈에 띄는 조명체로 하는 등 요소에 주변과 다른 불빛을 배치한다.
· 자동차, 열차, 선박 등에 의한 움직이는 불빛은 즐겁고 화려한 파노라마 형성에 기여한다.

② 야경의 스카이라인(지상에서의 전망)을 보여준다

조명체

빌딩의 창에서 새어나오는 불빛, 고층빌딩의 상단조명, 도로조명 등의 입면적인 불빛의 집합체이다.

수법

· 스카이라인의 길이가 인간의 시야 65도 이내에 들어오는 시점장을 확보한다.
· 시점장과 그 주변은 가능한 한 어둡게 한다.
· 하늘에 빛으로 선을 그리는 것과 같이 불빛의 연속성을 강조하기 위해 조명체를 필요지점에 배치한다.
· 특히 도시의 개성을 나타내는 선형의 색을 구성하도록 조명체를 배치한다.

연출 포인트

· 스카이라인에 대한 앙각을 작게 하면 수평적 안정감을 준다. 이러한 시점장은 도시를 원경에서 조망하는 지점, 즉 도시로 접근하는 간선도로와 해상 등의 주변지역을 고려할 수 있다.
· 또 앙각을 크게 하면 다이나믹한 경관이 된다. 이러한 시점장은 시가지내에서 전면이 개방되는 광장, 공원, 광로, 역전광장, 역 등이 될 수 있다.
· 건축물의 창에서 새어나오는 불빛에 의한 수직·고저의 리듬구성이 중요하다.
· 스카이라인은 배경과의 조화 또는 대비가 중요하다. 또 여러 번 중첩되는 산림경관과 같이 배경의 불빛을 중첩시키면 보다 효과적이다.

워터프론트의 스카이라인(토쿄·오오가와변)

세느강변의 다이나믹한 경관(파리)

빛이 만들어내는 맨하탄의 도로패턴(뉴욕)

③ 도시구조를 강조시킨다

조명체

　도시의 골격을 형성하는 도로, 철도와 같은 도시스케일의 시설이나 하천, 해안 등의 자연적 요소를 생각할 수 있다.

수법

· 도시의 골격적인 구조를 형성하는 간선도로 등의 선적 시설 및 자연적 요소에 대해 주변보다 눈에 띄는 조명으로 강조한다.

연출 포인트

· 고속도로, 국도, 일반가로 등의 간선도로처럼 도로종별에 따라 조명의 종류를 바꿈으로서 도시구조를 이해하기 쉽게 한나.
· 짧은 구간의 조명보다는 전체적인 연속성을 갖는 조명이 필요하다.
· 자동차 전조등의 행렬과 열차의 움직임도 구조를 부각시키는 요소이다.
· 하천, 해안 등에 광원을 설치하는 경우에는 생태계에 대한 충분한 배려가 필요하다.

빛으로 부각되는 도시고속도로(후꾸오까)

④ 특징적인 것을 부각시킨다

조명체

　도시를 대표하고 랜드마크로서의 성격을 가지고, 시민에게 친밀감이 있는 건축물이나 공작물 등의 인공적 요소와 수면, 녹지 등의 자연적 요소를 생각할 수 있다. 이것은 파노라마, 스카이라인을 구성하는 중요한 조명체이기도 하다.

수법

· 라이트업을 한다.
· 지구주변은 라이트업의 효과를 높이기 위해 어둡게 한다.

연출 포인트

· 조명의 밝기, 색을 주변과 대비시킨다. 특히, 조명체가 근접하는 경우에는 그 조화를 고려한다.
· 조명체의 소재, 색, 재질을 살린다.
· 라이트업에 의한 밝기로 보도조명에 기여시킬 수 있다.
· 야간에 주요동선을 고려하여 조명체를 배치함으로써 보행자를 유도할 수 있다.

오오사까 중앙공회당(오오사까)

기오미즈태라(淸水寺)(교토)

히로시마성(히로시마)

고층건축물에 의한 랜드마크(고베)

건축물과 가로등에 의한 축(덴버)

광장에서의 분지성(파리콩코드 광장)

(2) 도시를 알기 쉽게 한다

야간의 도시공간에 빛으로 방향을 부여함으로써 인간행태의 인지도를 높이는데 기여한다.

⑤ 빛으로 방향성을 부여한다
조명체 다양한 방향에서 조망이 가능한 탑, 고층건축물, 고가도로 등을 생각할 수 있다.
수법 ·라이트업과 일루미네이션 등에 의해 조명체의 상단과 윤곽을 부각시킴으로써 그 특징을 명확히 한다.
연출 포인트 ·주요 교통로의 분기점과 광장에서 눈에 띄는 시설 등을 조명체로 하는 것이 효과적이다. ·도시구조를 부각시킴으로써 인지도를 높이고 좀더 쉽게 이해시킬 수 있다. ·위치를 확인하는 경우에는 2개 이상의 조명체를 판별할 수 있으면 더욱 효과적이다.

(3) 도시에 시간감각을 준다

빛으로 계절감과 시간감각을 부여함으로써 장소를 인식시켜준다.

⑥ 빛으로 계절감과 시간감각을 부여한다

조명체

다양한 위치에서 조망이 가능한 건축물과 도시를 대표하는 랜드마크가 되는 것을 생각할 수 있다.

수법

· 광원의 전환으로 계절감을 나타낸다.
· 밤이 깊어감에 따라 빛을 변화(밝기, 색, 점등개소, 라이트업 조명체의 점등, 소등시간의 변화 등)시킨다.
· 일루미네이션의 제어를 통해 시간을 표시한다.
· 대규모 건축물의 창을 활용해서 시간과 계절언어 등을 표시한다.

연출 포인트

· 추운 시간에는 난색계, 더운 시간에는 한색계의 색상이 일반적이지만 지구의 특성에 따라 변화를 줄 수 있는 방법도 필요하다.
· 시간대에 따라 점등개소와 광량을 조절하는 방식도 시간을 표현하는 한 방법이다.

난색의 빛을 뿜어내는 겨울철의 萬代橋(니이가타)

한색의 빛으로 바뀐 여름철의 萬代橋(니이가타)

시간의 변화에 대응한 빛의 연출(아오모리)

거대한 빛의 시계(요꼬하마 · 코스모클락)

지구 스케일의 계획기법

지구스케일의 계획기법으로는 연속성과 변화를 연출하거나 초점을 만들거나, 아이스톱을 매력적으로 하거나 아니면 코너를 눈에 띄게 해서 야간에 지구공간 구조를 부각시키는 것, 휴먼스케일을 중시하거나 지구를 조명으로 장식해서 지구에 친밀감, 매력, 즐거움을 주는 것이 중요하다.

지구 스케일의 계획기법

야간의 지구공간 구조를 부각시킨다	· 연속성의 연출 · 강약(변화)의 연출 · 초점을 만든다 · 아이스톱을 매력적으로 힌다 · 코너를 부각시킨다
친밀감, 매력, 즐거움을 주는 빛을 만든다	· 휴먼스케일을 중시한다. · 지구를 빛의 액세서리로 교묘히 장식한다.

즐거움의 연출(벵쿠버)

워터프론트의 매력연출(런던템즈강변)

(1) 야간의 지구공간 구조를 부각시킨다

지구공간의 연속성, 변화, 초점, 아이스톱, 코너(가각부)를 연출하여 지구공간의 구조를 부각시킨다.

① 연속성의 연출

야간에 보행 등을 부드럽게 하고, 공간의 통일감을 부여한다.

조명체

통일성있는 공간으로 연출할 필요가 있는 일정 구간의 가로 등. 예를 들면 통일감있는 상점가, 업무시설이 집중해 있는 지구의 중심적인 가로, 유사한 건축으로 형성되어 있는 일정규모의 주택지의 도로 등을 생각할 수 있다.

수법

· 밝기, 색, 광원의 위치 등을 일정 간격으로 배치하거나, 그것을 규칙적으로 변화(예를 들면 그레듀에이션)시킨다.
· 또한 주변은 연속성을 부각시키기 위해 밝기를 제어 한다.

연출 포인트

· 야간에 지구의 연속성은 도로와 도로변 건물 등의 밝기로 강조시킨다. 특히, 도로조명의 효과가 크다. 또 상업지에서는 도로변 건물에 부착된 양쪽 광고물 등의 조명효과가 크다.
· 보도조명, 특히 휴먼스케일의 조명과 발밑을 유연하게 비추는 조명 등을 활용한다.
· 상업지에서는 빌딩입구 주변의 불빛과 창에서 새어 나오는 불빛의 연속성도 중요한 요소이다.
· 주택지에서는 문과 현관 등이 지구다움과 함께 연속성을 연출한다.

차도조명과 보도조명의 연속(함부르그)

보차도 공통의 조명등의 연속(뮌헨)

색 변화에 의한 경계(산안토니오 · 리버워크)

조명대상의 변화에 의한 경계(요꼬하마 · 야마시타 공원돌)

조명방법의 경계(小樽)

② 강약(변화)의 연출

약동감, 즐거움을 연출하고, 변화감이 풍부한 야간경관을 만들기 위해 밝기와 색, 조명의 위치 등에 변화를 줄 수 있는 시퀀스를 만든다. 따라서 변화는 최소한의 연속성을 바탕으로 구성되며, 연속성이 없으면 강약을 인지할 수 없다.

조명체

야간에 사람들의 통행이 잦은 길과 어느 정도의 넓이를 갖는 광장 주변의 건축물, 도로, 광장을 생각할 수 있다.

수법

공개공지 등의 광장, 건축물 등의 조명, 도로변 토지 이용의 작은 변화에 따라 빛을 변화시킨다.

· 조도를 바꾼다
· 휘도를 바꾼다.
· 빛의 색을 변화시킨다
· 광원의 위치를 변화시킨다(높게, 낮게 등)

연출 포인트

· 변화의 연출은 대소, 강약의 균형을 배려하고, 이들의 연출 장소를 정확하게 찾을 것, 리듬감을 줄 것 등, 감성과 고도의 조명기술이 요구된다.
· 공개공지 등 광장의 불빛은 수평적인 변화요소이다.
· 건축물 등의 조명에 의한 벽면의 불빛은 수직방향의 변화요소이다.
· 토지이용의 변화에 따른 불빛의 변화도 중요하다.

③ 초점을 만든다

야간에 보행자의 활동이 활발하거나 집중되는 지점을 밝게 하여 지구의 안전성과 기능성을 높이고 주변에서 알기 쉽게 한다.

조명체

역전광장, 버스터미널 등의 교통결절점과 주요 보행자로가 교차하는 교차점 및 경기장, 홀 등 일시적으로 보행자가 대량으로 발생집중되는 공간 등에서 도로, 광장, 이들에 면한 건축물 등이다.

수법

· 주변에 비해 밝게 한다
· 또한 주변의 밝기를 규제한다
· 초점으로 향하는 축선의 불빛과 접속한다

연출 포인트

· 역전광장 등에 대해서는 도로 쪽으로 일정한 조도기준 등을 만족시키면서 지구의 특성을 나타내도록 디자인한 조명을 분포시킨다.
· 초점에 면해 있는 건물을 라이트업한다.
· 일시적으로 보행자가 발생 · 집중되는 지점은 시간대별로 구분하여 빛을 조절할 수 있다.

교통결절점에 있는 역전광장(이케다 · 한큐 이케다역)

축선상의 랜드마크(파리샹제리제 거리의 개선문)

몰의 게이트(요꼬하마 · 이세자끼몰)

고층건축물의 창의 불빛이 만드는 아이스톱
(토쿄·카스미가세끼)

라이트업 된 건축물에 의한 아이스톱(요꼬하마·MM21)

④ 아이스톱을 매력적으로 한다

시선이 머무는 부분(아이스톱)은 지구의 경관형성상 중요한 포인트이다. 특히 야간에는 아이스톱을 빛으로 연출함으로서 주간 이상으로 시각적으로 인식할 수 있는 대상으로 만들 수 있다. 아이스톱을 매력적으로 함으로써 지구에 방향성을 부여하고 지구의 개성을 두드러지게 한다.

조명체

중요한 도로 등 교통동선의 가장자리에 위치하는 건축물, 공작물 등을 생각할 수 있다.

수법

· 동선 상의 불빛과 대비되는 밝기나 색 등으로 두드러지게 한다.
· 아이스톱이 되는 건축물, 공작물을 라이트업 한다.
· 아이스톱의 위치에 이러한 대상이 없는 경우에는 필요에 따라 새로운 대상을 두거나 빛의 설치를 검토한다. 또 라이트업 등의 인스톨레이션을 생각할 수 있다.

연출 포인트

· 시선이 자연스럽게 향하는 곳을 선택한다.
· 복수의 아이스톱을 설정하여 상호 관련을 가짐으로써 도시와 지구의 스토리성을 강조시킬 수 있다.

⑤ 코너를 눈에 띄게 한다.

가각과 몰입형 광장과 같이 그 공간의 전모는 보이지 않지만 불빛이 새어남으로써 그 기운을 느낄 수 있는 코너를 눈에 띄게 하고 보행자에게 기대감을 주며 유인작용을 한다.

조명체

도로의 교차점, 몰입형 광장 등과 이들에 면해 있는 건축물 등을 생각할 수 있다.

수법

· 코너로서의 존재를 명료하게 한다.
· 보이지 않는 부분에 대한 배려를 느끼게 할 수 있는 불빛을 새어나게 한다.

연출 포인트

· 도로교차점에서는 명료한 빛의 사각(四角)을 만든다.
· 몰입형 광장에서는 밝기, 색을 바꾸고, 포켓형 빛의 공간을 만든다.

코너의 기념비(토쿄 · 산다)

코너의 건축(런던)

저층부의 라이트업(나고야 · 히로코지 가로)

차분한 쇼윈도우(토쿄 · 오모테산도)

기분 좋고 우아한 빛을 배치한 골목길(이탈리아 · 올비에트)

(2) 친밀감, 매력, 즐거움을 주는 빛을 만든다

휴먼스케일을 중시한 빛과 지구요소를 빛의 액세서리로 교묘히 장식함으로써 공간에 친밀감, 매력, 즐거움을 준다.

⑥ 휴먼스케일을 중시한다

사람에게 기분 좋고 아름다운 빛, 사람들의 얼굴이 생생하게 돈보이는 빛을 창출하고, 지구를 친밀감 있게 조성한다.

조명체

광장, 도로 등 사람들이 산책하거나 서서 이야기하거나 하는 휴식장소 등을 생각할 수 있다.

또 주택지의 도로와 대문등(大門燈)등의 외주부 등을 생가할 수 있다.

수법

· 눈부심을 발생시키지 않는다.

· 낮은 위치에 광원을 둔다.

· 사람들의 얼굴색이 돋보이는 연색광원으로 한다.

연출 포인트

· 광장과 보도에서는 사람들의 얼굴 높이와 발밑 위치의 조명이 효과적이다.

· 상업지에서는 쇼윈도우의 조명, 손으로 만져지는 위치에 있는 광고물의 조명을 고안한다.

· 주택지에서는 밝기를 억제한 도로조명과 주거건물창의 밝기, 대문등(大門燈)의 조명 등을 전체적으로 소극적으로 연출한다.

⑦ 지구를 빛의 액세서리로 교묘히 장식한다.

광원 그 자체를 연출함으로서 지구에 개성과 즐거움을준다.

조명체

빛의 액세서리로서는 역사적인 건축물, 수목, 조각의 일루미네이션 혹은 작은 조명, 기이한 광고물, 빛의 설치와 같은 조명예술(Light Art)를 생각할 수 있다.

수법

· 이미 설치되어 있는 조각 등을 조명(라이트업)한다.
· 대상에 일루미네이션을 부착한다.
· 불꽃과 다이몬지(大文字)와 같이 일차적인 불빛을 만든다.

연출 포인트

· 액세서리는 마지막까지 부속품이고, 본체의 빛을 약화시키는 과도한 연출은 어울리지 않는다.
· 교량, 탑, 건축 등의 부분적 라이트업과 빛의 가장자리에 의한 일루미네이션.
· 조각과 분수 등의 라이트업.
· 지구와 도시를 대표하는 수목의 라이트업, 일루미네이션.
· 라이트업에 의한 연출.

투영에 의한 빛의 연출(기후·長川해안)

파사드 색의 변화(파리·미술학교)

기념비적인 구조물의 빛(파리·루브르 박물관)

4 · 야간경관계획 수립의 실제(사례연구)

요꼬하마시(橫浜市)를 대상으로 한 사례연구로 야경계획의 수립순서, 수립수법의 예를 제시한다. 본 연구는 어디까지나 계획수법의 한 예를 나타낸 것이며 실제 계획에 의거한 것은 아니다. 또 실제 계획책정에서는 각 도시의 특성에 따라 계획내용, 작성순서, 작성방법을 고려해야 한다.

도시의 야경계획

여기서는 통일적으로 볼 수 있는 영역을 대상구역의 예로 하여 사례연구를 실시하였다. 실제로 각 지자체에서 도시야경계획을 수립하는 경우는 전 행정구역을 대상으로 하는 것이 타당하다고 할 수 있다.

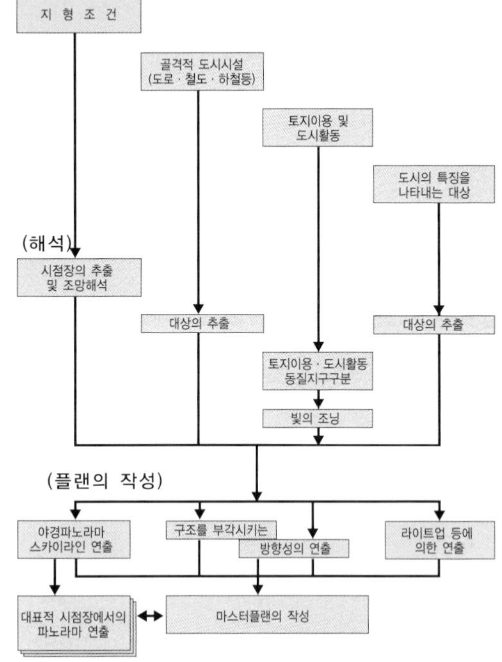

지형조건 · 골격적 도시시설

지형은 도시의 전체 경관을 형성하는 기반임과 동시에 파노라마와 스카이라인의 시점장을 제공한다.

또 도로, 철도, 하천, 공원 등의 골격적 도시시설은 도시의 구조, 방향, 윤곽을 명확히 표현하고 있다. 특히 도로, 철도는 방문객과 시민의 대부분이 야간경관을 조망하는 시점장도 된다. 지형과 골격시설은 파노라마와 스카이라인의 조망점 선정의 기초자료로서 필요한 것이다.

요꼬하마시(橫浜)에서는 바다 쪽으로 쐐기형의 구릉지가 섬세하게 형성되어 있으나 고저차는 적다. 또 골격이 되는 도로 및 철도가 항구 쪽에 형성되어 있다.

지형과 골격적 도시시설도

시점장의 추출(야경 파노라마와 스카이라인)

지형조건에 따라 파노라마, 스카이라인을 위한 시점장을 추출한다. 양호한 시점장은 시야의 확대감이 크고 조망내용이 풍부한 지점임을 고려하여, 추출된 시점장마다 시야의 확장감과 조망내용을 검토한다.

시점장의 추출에 있어서는 요꼬하마시의 특징상 항구와 도시의 양자가 보이는 지점을 중점적으로 선정하였다.

높은 지점의 시점장으로서는 항구가 보이는 구릉공원, 野毛由공원을 들 수 있으나 앞으로 고층건물에서의 조망도 기대할 수 있다.

낮은 지점의 시점장으로서는 MM21 임항공원에서의 조망과 해상(배)에서의 조망을 들 수 있다. 베이브릿지는 시점장이면서 파노라마와 스카이라인의 요소가 되기도 한다.

조망점의 추출 해석도

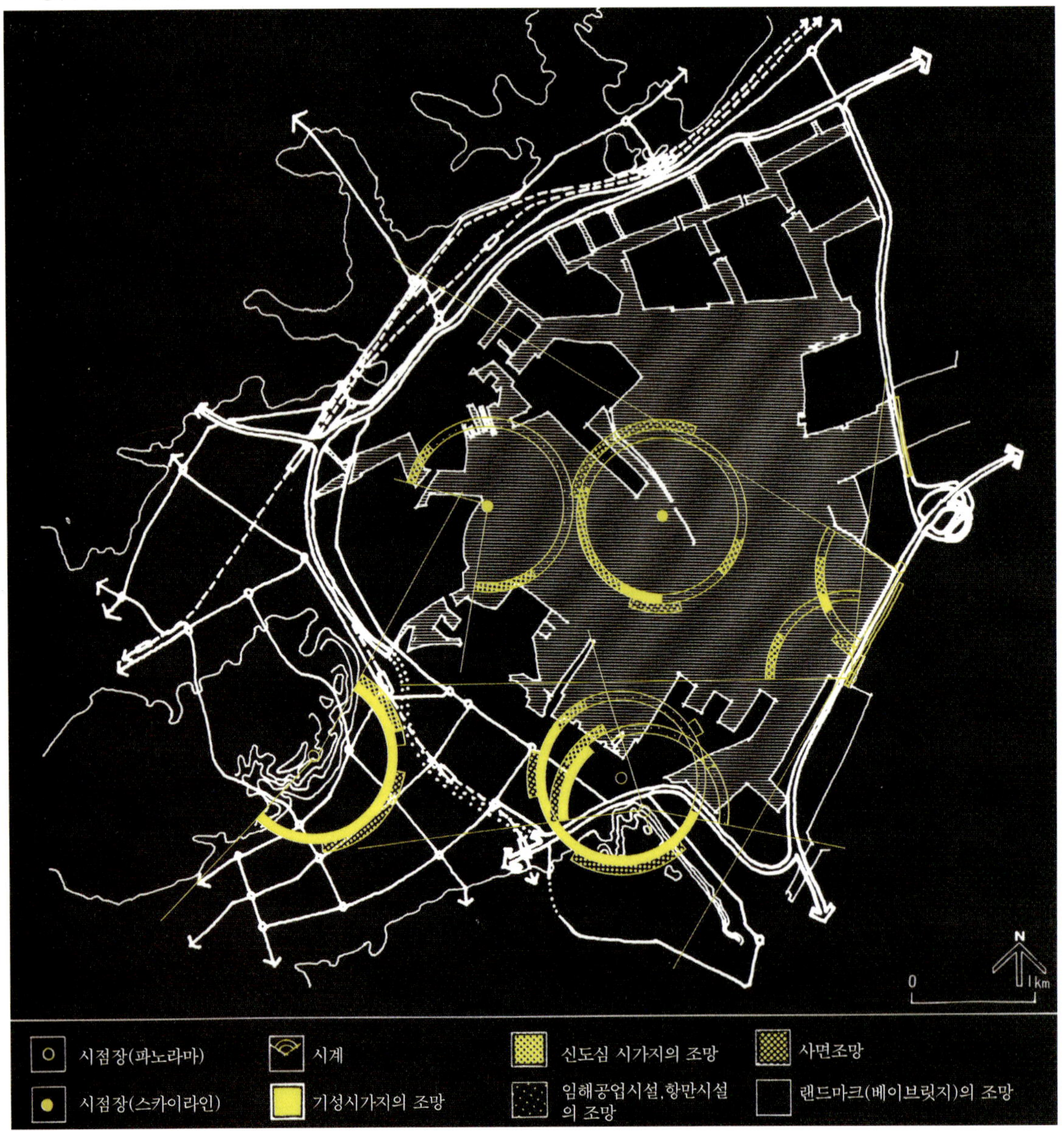

시점장의 추출(이동에 의한 조망)

도시스케일에서 야간경관을 이동하면서 조망하는 시점장으로써 간선도로와 철도를 들 수 있다.

이러한 경관은 시퀀스의 내용이 풍부함과 동시에 「여기부터가 요꼬하마」라고 인상지울 수 있도록 도시의 게이트를 나타내는 랜드마크(원경에서 도시의 특징을 나타내는 대상)의 존재가 요구된다.

요꼬하마시에서는 항구를 둘러싸고 있는 수도고속도로 및 철도의 고가구간이 이에 해당된다. 특히 수도고속도로에서의 조망은 항구와 도시의 양자를 포함하여 변화가 풍부한 시퀀스를 형성하고 있다. 또 대상구역으로 광역에서 3개의 어프로치가 있다. 대상구역의 게이트 부분에 존재하는 대상에 빛을 비춤과 동시에 동경방면으로의 게이트와 남서부에서의 2개의 게이트에 야간의 랜드마크 신설을 검토할 필요가 있다.

행동에 의한 조망해석도

동질지구 구분의 검토

도시의 빛은 토지이용에 기인한다고 여겨지기 때문에 토지이용의 현황 및 계획, 시가지 형성의 경위를 토대로 도시 전체를 대상으로 하는 동질적인 빛이라고 할 수 있는 일정구역을 단위로 구분한다.

동질지구구분은 「빛의 조닝」을 검토하는 기초가 되며 지구 야경계획의 수립구역을 명확히 하는 것이기도 하다.

동질지구 구분도

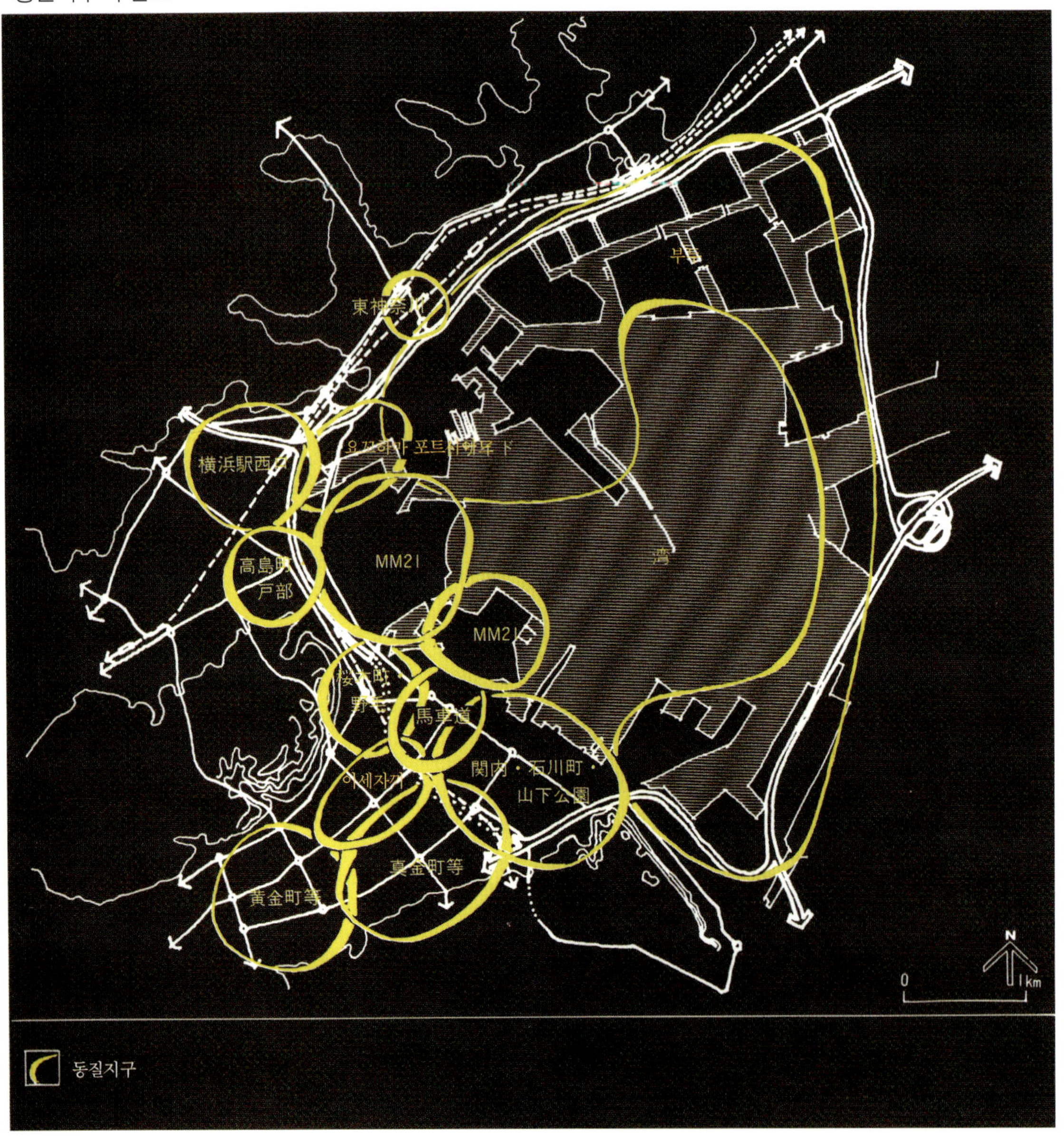

빛의 조닝

동질지구 구분에 의거하여 도시의 현황과 장래를 포괄하는 빛의 조닝을 실시한다.

검토의 목적은 도시전체 빛의 모습을 동질지구를 단위로 하는 불빛으로 구성하는 것에 있다. 밝고 활기있는 지구, 밝기를 규제한 안정감있는 지구 등을 지구의 성격을 파악하면서 도시를 전체적으로 구성한다.

빛의 조닝은 지구야경계획에서 밝기와 빛의 성격규명(활기, 안정감 등)의 상위에 있는 위치규명으로서의 역할을 갖는다.

또한 빛의 조닝에 의해 지구의 밝기의 상태가 제시되기 때문에 구체적인 조명계획을 수립함에 있어서 과도한 밝기를 규제하는 지구라면 대상을 부각시키는 빛도 소극적인 밝기로도 충분한 효과가 있을 수 있다.

빛의 조닝도

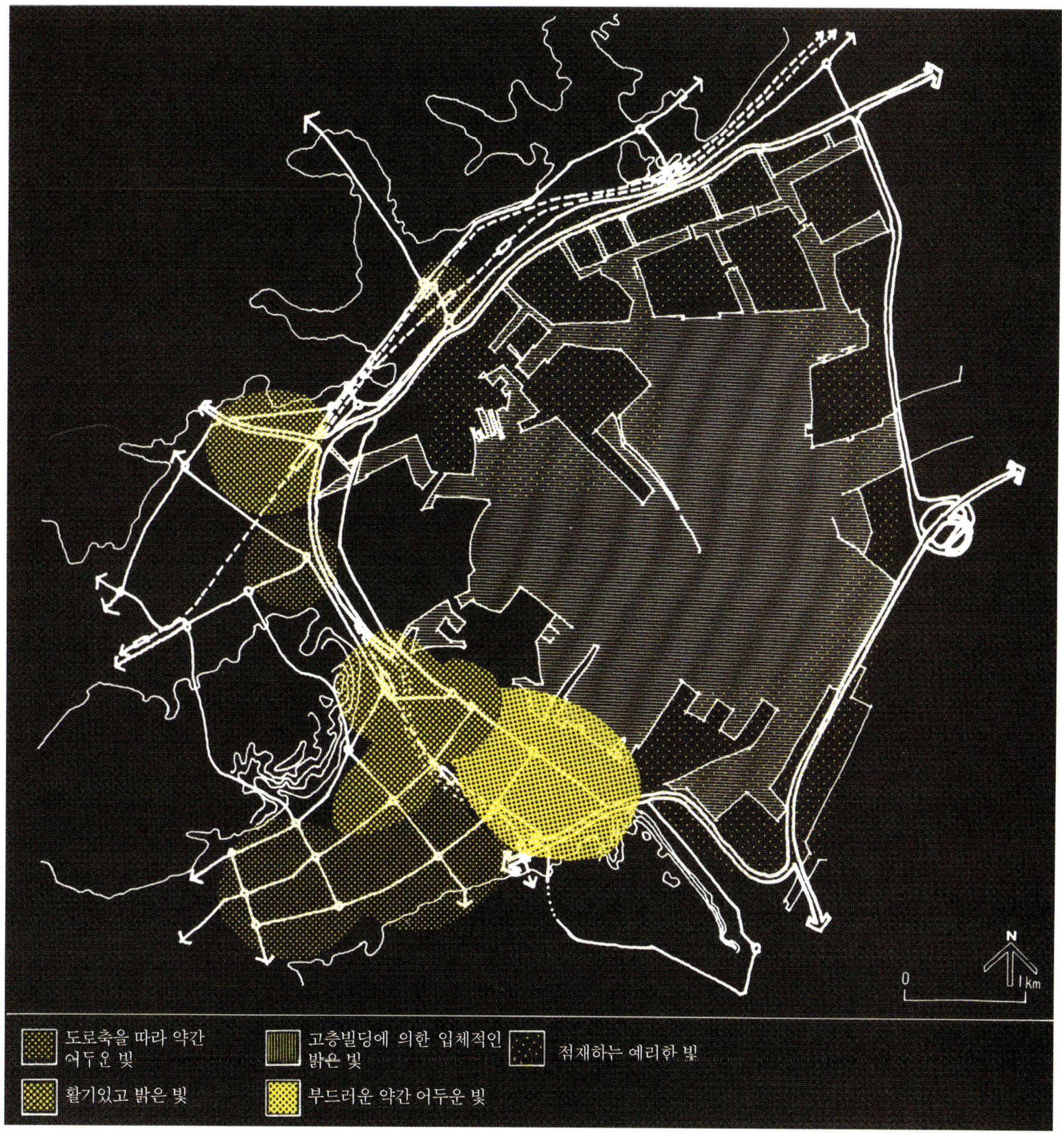

과제와 대응방침의 명확화

기초적인 조건 파악, 조망점·시점장의 추출, 동질지구의 구분, 빛의 조닝 등에 대한 검토를 근거로 도시스케일에서 야간경관형성상의 과제와 대응방침을 명확히 한다.

검토방법은 해석결과를 중첩시켜 과제가 중첩되는 상황을 파악하고, 이를 계획과제로 정리한다.

동질지구 구분의 검토

도시의 빛은 토지이용에 의해 규정된다고 여겨지기 때문에 토지이용의 현황 및 계획, 시가지형성의 경위로 인해 도시전체를 대상으로 빛이 동질적인 성격을 갖는 통일감 있는 구역을 단위로 구분한다.

동질지구구분은 「빛의 조닝」을 검토하는 기초가 되며 지구 야경계획의 수립구역을 명확히 하는 것이기도 하다.

과제도

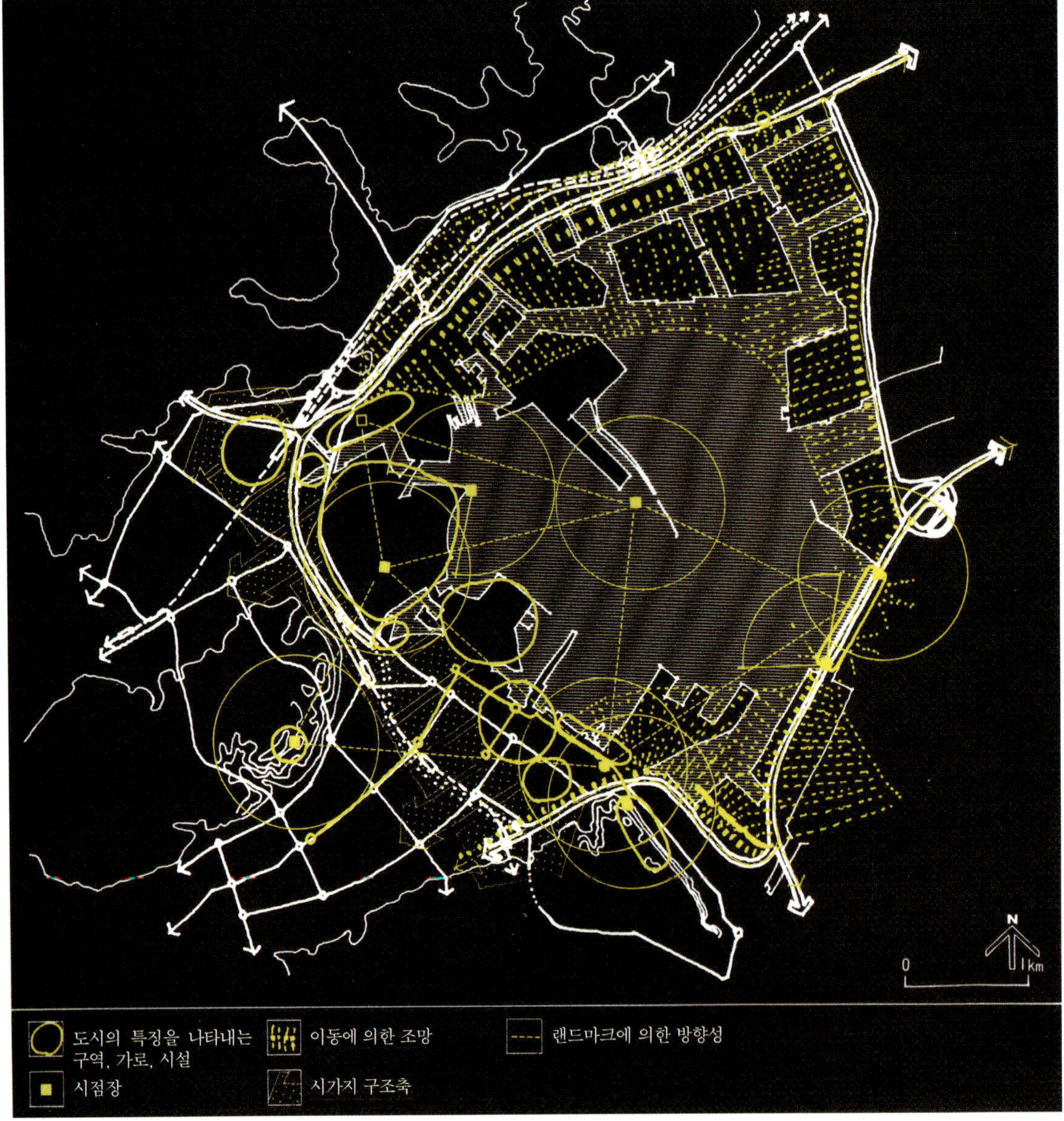

마스터플랜의 작성

이상의 작업에 의거하여 도시야경계획의 마스터
플랜을 작성한다.

마스터플랜의 개요는 다음과 같다.

1. 야경 파노라마·스카이라인이 보이는 시점장

지형조건과 방향성을 고려해서 중요한 시점장을
선정하였다. 이 때 당장 적당한 시점장이 없는 경우
에는 장래의 타워설치에 대한 제안도 실시하고 있다.

① 野毛山공원＝도시의 불빛＋베이브리지의 조망

② 항구가 보이는 구릉공원＋프랑스산＝베이브리
지의 조망

③ 沖合＝360도의 조망

④ MM21 임항파크＋항구 랜드마크 타워＝360
도의 조망

⑤ 베이브리지의 조망＝도시의 불빛＋항구의 불빛의 조망

⑥ 수도고속도로＝이동하면서 보는 조망

마스터플랜

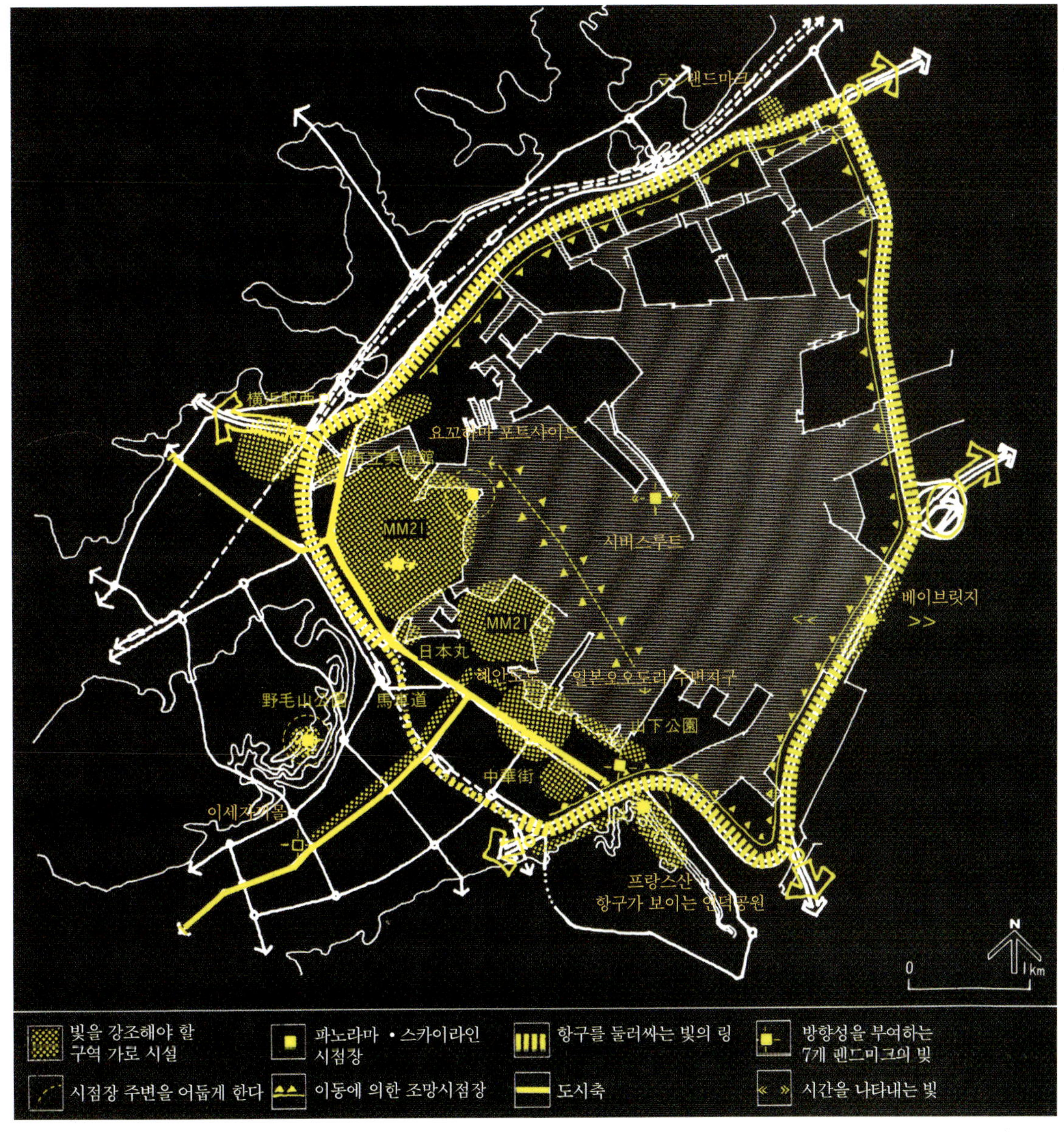

2. 요꼬하마시(橫浜市)의 특징을 나타내는 지
   구·시설·가로의 불빛을 강조하고 주변의
   밝기를 규제한다.
   그 대상으로 다음의 17개소를 선정하였다.
① 橫浜驛 西口 ② 시립미술관 ③ 요꼬하마
Port-Side ④ MM21 고층건물지구 ⑤ 日本丸
(니혼마루) ⑥ 野毛山공원 ⑦ 해안도로 ⑧ 바
샤미찌 ⑨ 이세자끼몰 ⑩ 해안도로 ⑪ 日本大
路(니혼오오도리)와 주변 지구 ⑫ 山下(야마시
다)공원 ⑬ 챠이나타운 ⑭ 모토마치 ⑮ 프랑스
산 ⑯ 항구가 보이는 구릉공원 ⑰ 베이브리지

3. 도시구조를 눈에 띄게 한다
   요꼬하마시(橫浜市)의 특징인 항구와 도시 및
다양한 얼굴을 가진 도심부를 엮는 중요한 도로
를 선정했다.
① 橫浜港을 둘러싸고 있는 수도고속도로의 빛의 링
② 橫浜驛 西口 - 모토마치(元町)의 북서·남동
   축과 항구 - 도시의 북동·남서축(2개의 방
   향축)의 강화

4. 방향성을 부여하는 「7개의 랜드마크」
   도시 각 장소에서의 조망을 고려해 7개 위치
에 야간 랜드마크를 구상했다.
① 베이브릿지의 라이트업
② 마린타워의 라이트업+프랑스산, 항구가 보
   이는 구릉공원의 몇몇 특징적인 불빛
③ 이세자키몰 중간부(또는 오오도리(대로)공
   원)의 타워정비
④ 野毛山공원의 몇몇 특징적인 불빛
⑤ MM21의 랜드마크타워(75층 건물 295m)
   상층부의 라이트업
⑥ 요꼬하마 포트사이드 건물 상층부의 라이트업
⑦ 沖合에 향후 정비할 타워 또는 관람차

5. 시간을 디자인한다
① 沖合에 향후 타워 또는 관람차를 설치하고,
   빛의 아나로그 표시에 의한 시계를 설치

대표적 시점장에서의 파노라마 연출 (항구가 보이는 구릉언덕)

지형적으로는 표고가 40m, 단면은 현수 종형(凸형)이다. 항만시설, 배, 베이브릿지, 마린타워의 불빛 등으로 구성된 드라마틱한 야경이다.

단 지형조건의 제약으로 마린타워 보다 서쪽의 광경은 보이지 않는다. 요꼬하마를 대표하는 조망점으로서 다음 개선책을 고려할 수 있다.

① 조망대를 높이고, 부각을 크게 한다.
② 전면 수목의 높이를 낮추고 시야를 넓힌다.
③ 부두시설의 불빛을 억제한다. 예를 들면 직접조명을 전망대 방향으로 새지 않도록 한다
④ 공원의 조명위치를 바꾼다.
⑤ 氷川丸의 조명을 고안한다
⑥ 파노라마의 확산을 강조하기 위해서는 좌단부에 위치하게 되는 MM21의 최고층건물의 두부을 라이트업한다.
⑦ 전망대는 멀리서 랜드마크도 되기 때문에 디자인과 조명을 계획한다.

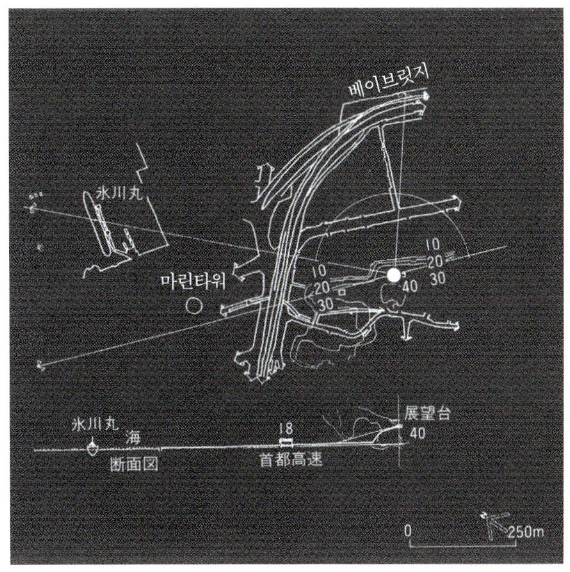

숫자는 표고를 나타냄

대표적 시점장에서의 파노라마 연출 (野毛山공원)

지형적으로는 표고가 50m, 단면은 凹형이다.

다이나믹한 전망을 형성하며 가로의 불빛이 잘 보인다. 단 요꼬하마의 상징인 항구의 해수면을 볼 수 있는 방법이 적다.

야간 이용자가 적은 野毛山공원을 야간에 파노라마를 보는 장으로 정비하여 野毛山의 이미지업을 가능하게 한다. 이를 위하여 다음 개선책을 생각할 수 있다.

① 360도 파노라마를 보기 위해 전망대를 높이고 부각을 크게 한다.

② 전면의 건물 및 수목의 높이를 전면 쪽으로 낮게 낮춘다.

③ 파노라마의 확장감을 강조하기 위해 주요 고층건물 등의 상층부 라이트업을 유도한다.

④ 전망대는 원경에서의 랜드마크가 되기 때문에 디자인과 조명을 고려하여 계획한다.

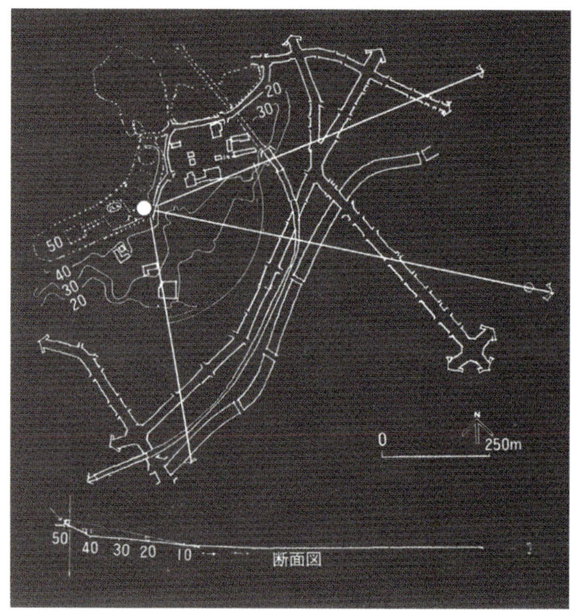

숫자는 표고를 나타냄

지구의 야경계획

지구야경계획의 수립을 위한 소재가 풍부하므로 지금까지 요꼬하마시(橫浜市)에서 선구적으로 시책이 시행되고 있는 야마시타(山下)공원 주변의 도심지구를 사례연구의 대상으로 선정하였다.

또 사례연구의 순서 및 방법은 하나의 예이고 실제 조명계획 수립에 있어서는 각 지구의 특성에 따라 다양하게 고안되어야 한다.

기초조건의 파악

야간에 사람들의 활동기반이 되는 시설의 분포, 사람들의 유동상황을 그림으로 나타낸다.

여기서는 지구의 골격(용도지역, 간선도로 등), 야간집객시설(숙박, 문화시설, 음식 등), 및 역사적 건축물의 분포도를 다음과 같이 나타낸다.

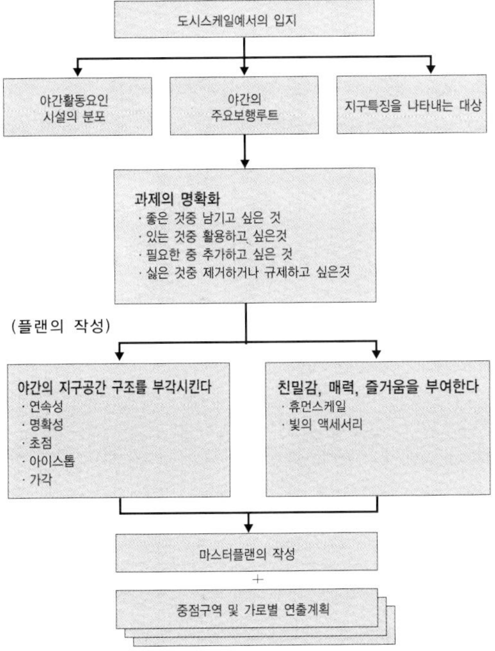

도시의 구조

야간집객시설의 분포

야간집객시설의 분포(이른바 맛있는 가게)

랜드마크 및 인상적인 건축물의 분포

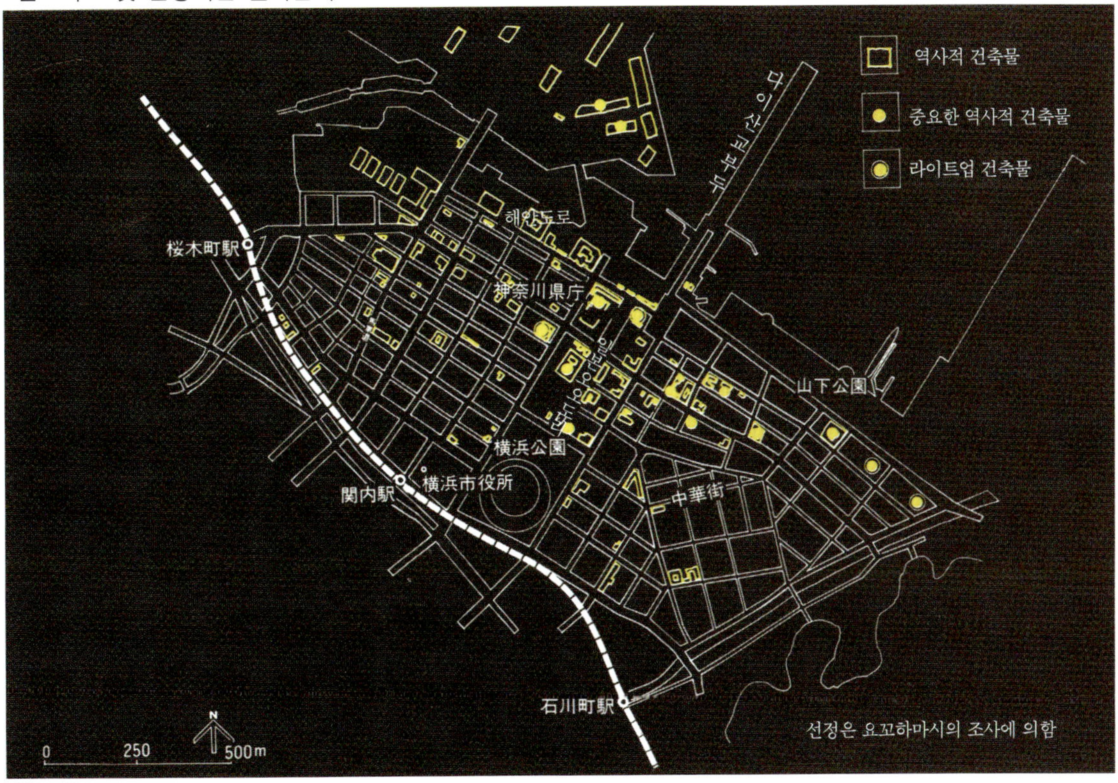

과제의 명확화

기초조건을 파악한 후에 대상지구를 아주 면밀하게 관찰한다. 관찰조사의 목적은 「빛과 그림자의 질서」로 전술(前述)하였다. ①좋은 빛을 남긴다 ②특정 빛을 개선하고 활용한다 ③필요한 빛을 첨가한다 ④지나치게 밝은 빛·짜증나는 빛을 제거하고 억제한다는 4개 관점에서 과제를 명확히 하기 위해 실시한다.

관찰조사 방법은 1/1,000 정도의 백도에 특징적인 부분 등을 기술하는 작업이 기초가 되지만, 적선(適宣), 시나리오와 관련된 과제검토에 효과적인 비디오 녹화 등을 실시한다. 또 관찰조사는 관찰자의 주관적인 판단이 크게 반영되기 때문에 여러 명의 관찰자에 의한 조사와 여론조사의 의식조사결과 등을 참고할 필요가 있다.

과제는 관찰조사 등의 결과를 종합적으로 분석해서 설정한다.

과제도

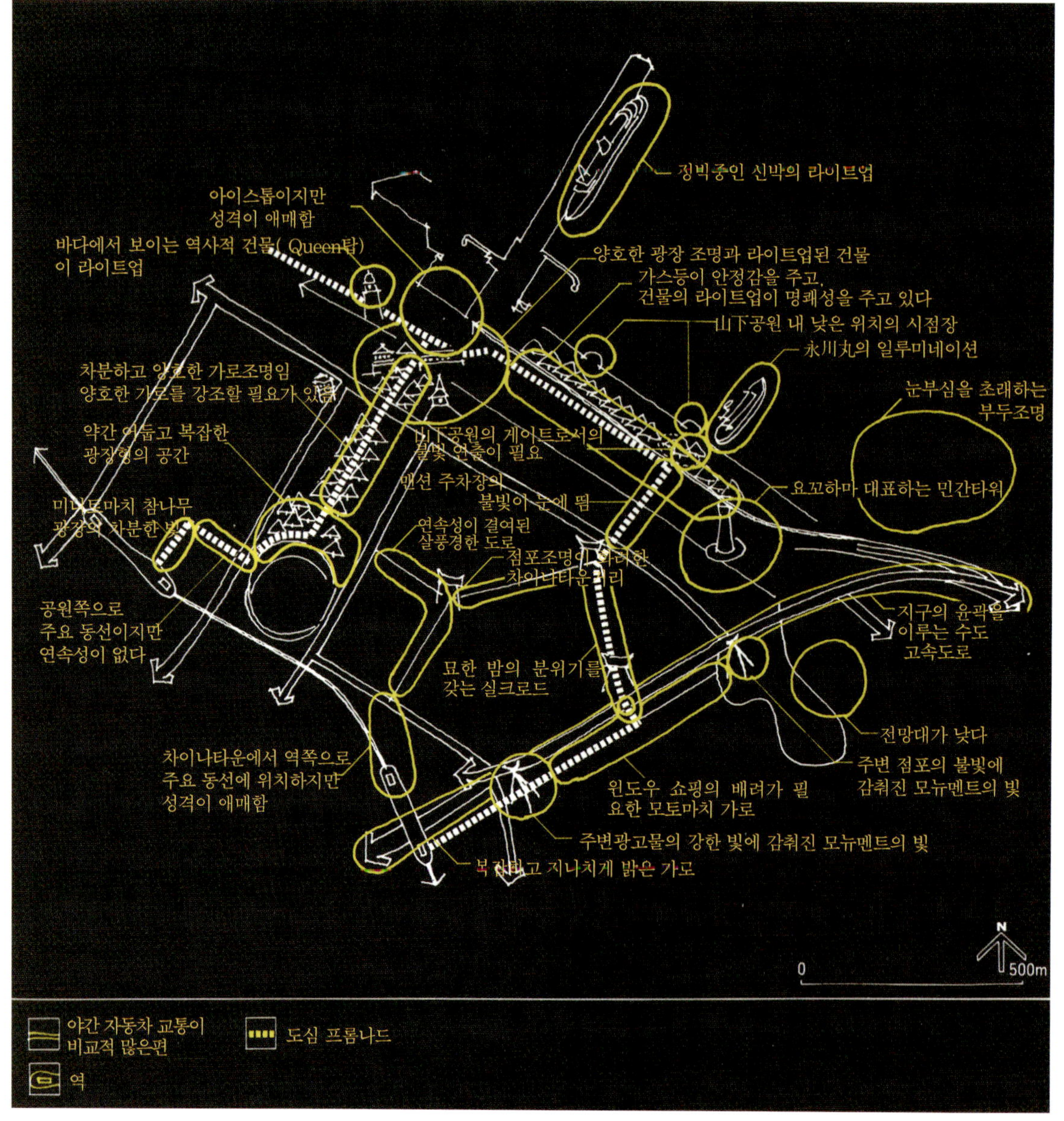

마스터플랜의 작성

이상의 작업에 의거하여 지구 야경계획의 마스터플랜을 작성한다.

마스터플랜의 개요는 다음과 같다.

1. 야간의 지구공간구조를 부각시킨다.

야간 보행자의 행동을 고려한 야간의 주요한 보행자 동선을 설정하고, 다음 연출을 효과적으로 보이도록 밝게 할 곳, 빛을 억제할 곳을 구분한다.

(1) 연속성을 연출한다.

야간 프롬나드가 지구 속에서 명확히 부각될 수 있도록 일정한 조명으로 유도한다.

(2) 명확성을 연출한다

① 조명효과가 높은 건물들이 분포하는 일본 오오도리 등이 대상이 된다.

② 점포들이 연속되어있는 모토마치 가로 등이 대상이 된다.

마스터플랜

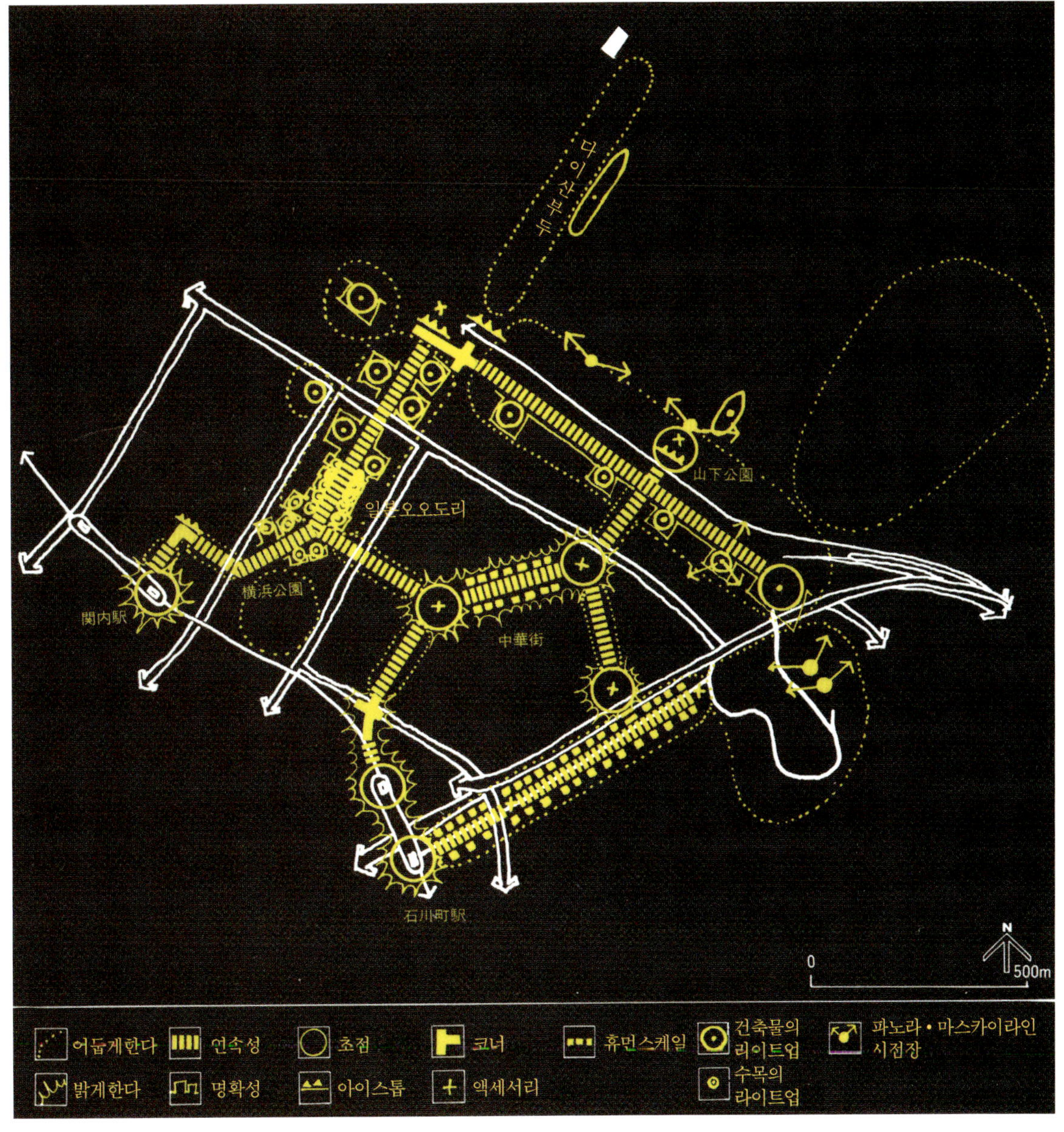

(3) 초점을 만든다
① 간나이역, 이시가와쪼역
② 서로 다른 종류의 빛의 프롬나드가 교차하는 차이나타운의 문 등이 대상이 된다.

(4) 아이스톱을 매력적으로 한다.
일본 오오도리의 북쪽부 등 인상적인 T자 교차점이 대상이 된다.

(5) 코너를 부각시킨다
간나이역에서 스타디움으로 구부러지는 교차점의 광장, 일본 오오도리에서 야마시다(山下)공원 도로로 구부러지는 교차점의 개항광장 등이 대상이 된다.

2. 친밀감, 매력, 즐거움을 준다.
(1) 휴먼스케일을 중시한다.
사람의 얼굴높이와 발바닥의 위치에서 소형등구에 의한 섬세한 조명을 실시한다. 설치지역으로는 東門도로, 모토마치 도로 등이 대상이 된다.
(2) 빛의 액세서리로 교묘히 장식한다.
가로등과 같이 정돈된 기조조명을 요소요소에 대규모로 강한 인상을 주도록 조명을 실시한다. 요꼬하마공원 내의 수목이나 차이나타운의 조명 등에 빛의 모뉴멘트를 설치한다.

초점구역 및 도로별 연출계획

다음 3개 도로를 예로 형성하여야 할 야간경관의 이미지를 보다 구체화하고 선명하게 한다.

① 일본 오오도리
요꼬하마시의 관청가이며, 관청을 시작으로 근대건축물이 집적해 있는 지구이다.

② 東門도로
야마시다(山下)공원에서 차이나타운으로의 주 접근로이다

③ 모토마치 도로
야마시다(山下)공원에서 이시가와쪼역에 이르는 루트 상에 위치하는 상점가이며, 보차공존형의 몰 정비가 되고 있다.

① 일본 오오도리

(테 마) 빛의 역사축

(내 용) •A 구간은 기존 라이트업과 더불어 새로이 요꼬하마 지방 재판소, 미츠이 물산 빌딩을 라이트업한다.

또 아이스톱으로서 공지를 활용한 빛의 모뉴멘트를 설치한다.

•B 구간은 가로수를 라이트업한다.

또 아이스톱으로서 초점의 성격을 갖는 지구의 공지를 활용하여 빛의 모뉴멘트를 설치한다.

•C 구간은 원로 주변의 조도를 높인다(주변 수목의 라이트업 또는 조명).

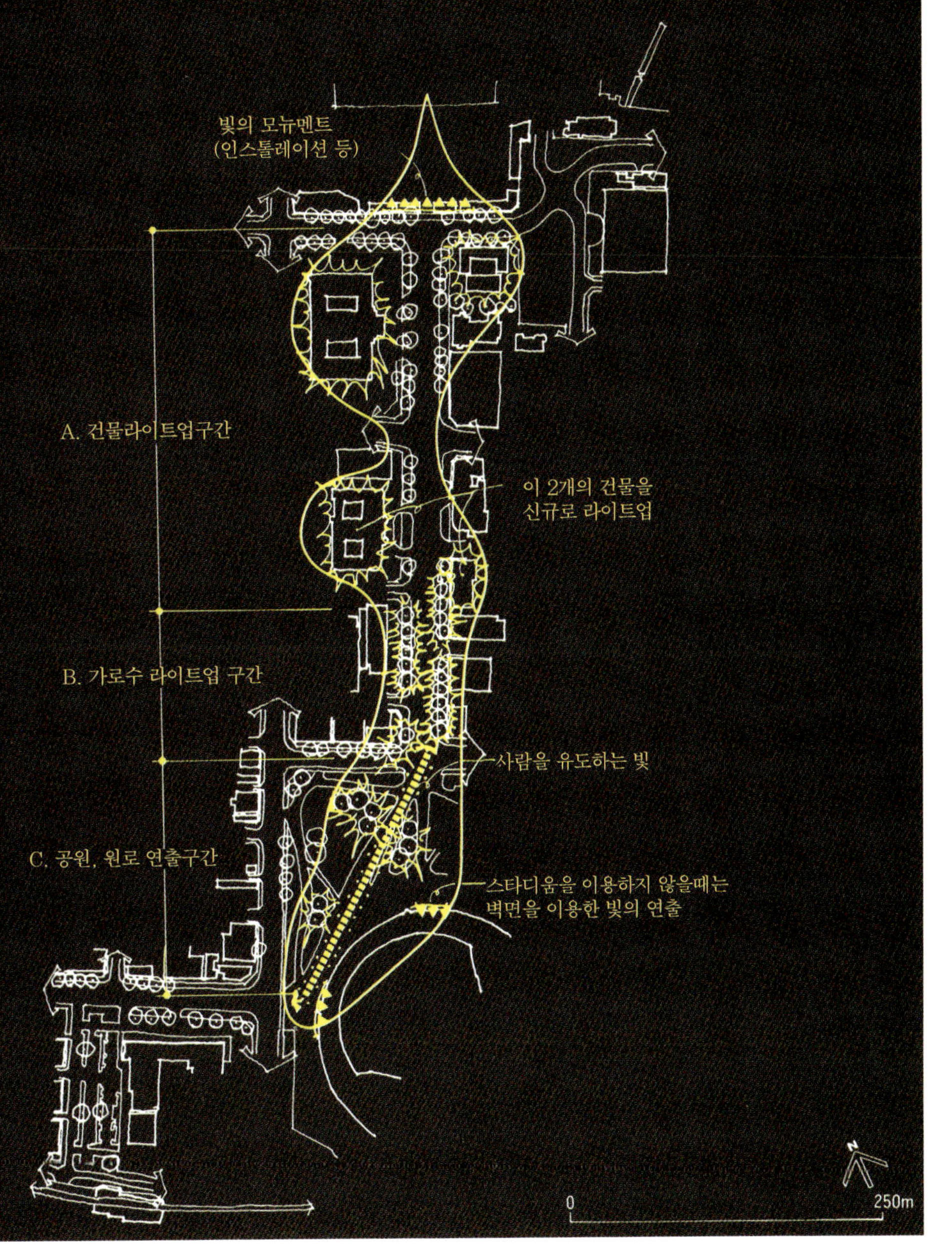

일본 오오도리

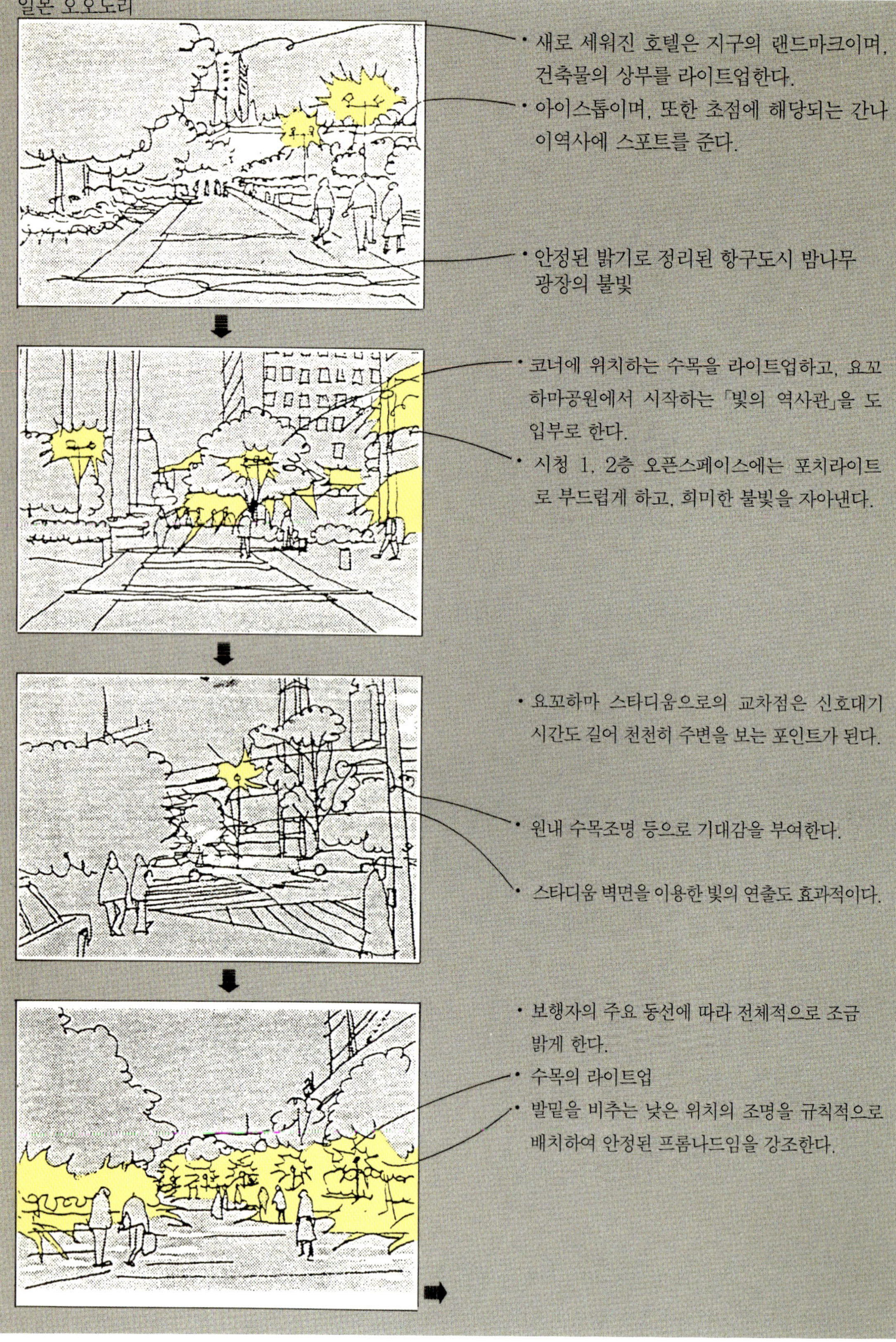

- 새로 세워진 호텔은 지구의 랜드마크이며, 건축물의 상부를 라이트업한다.
- 아이스톱이며, 또한 초점에 해당되는 간나이역사에 스포트를 준다.

- 안정된 밝기로 정리된 항구도시 밤나무 광장의 불빛

- 코너에 위치하는 수목을 라이트업하고, 요꼬하마공원에서 시작하는 「빛의 역사관」을 도입부로 한다.
- 시청 1, 2층 오픈스페이스에는 포치라이트로 부드럽게 하고, 희미한 불빛을 자아낸다.

- 요꼬하마 스타디움으로의 교차점은 신호대기 시간도 길어 천천히 주변을 보는 포인트가 된다.

- 원내 수목조명 등으로 기대감을 부여한다.

- 스타디움 벽면을 이용한 빛의 연출도 효과적이다.

- 보행자의 주요 동선에 따라 전체적으로 조금 밝게 한다.
- 수목의 라이트업
- 발밑을 비추는 낮은 위치의 조명을 규칙적으로 배치하여 안정된 프롬나드임을 강조한다.

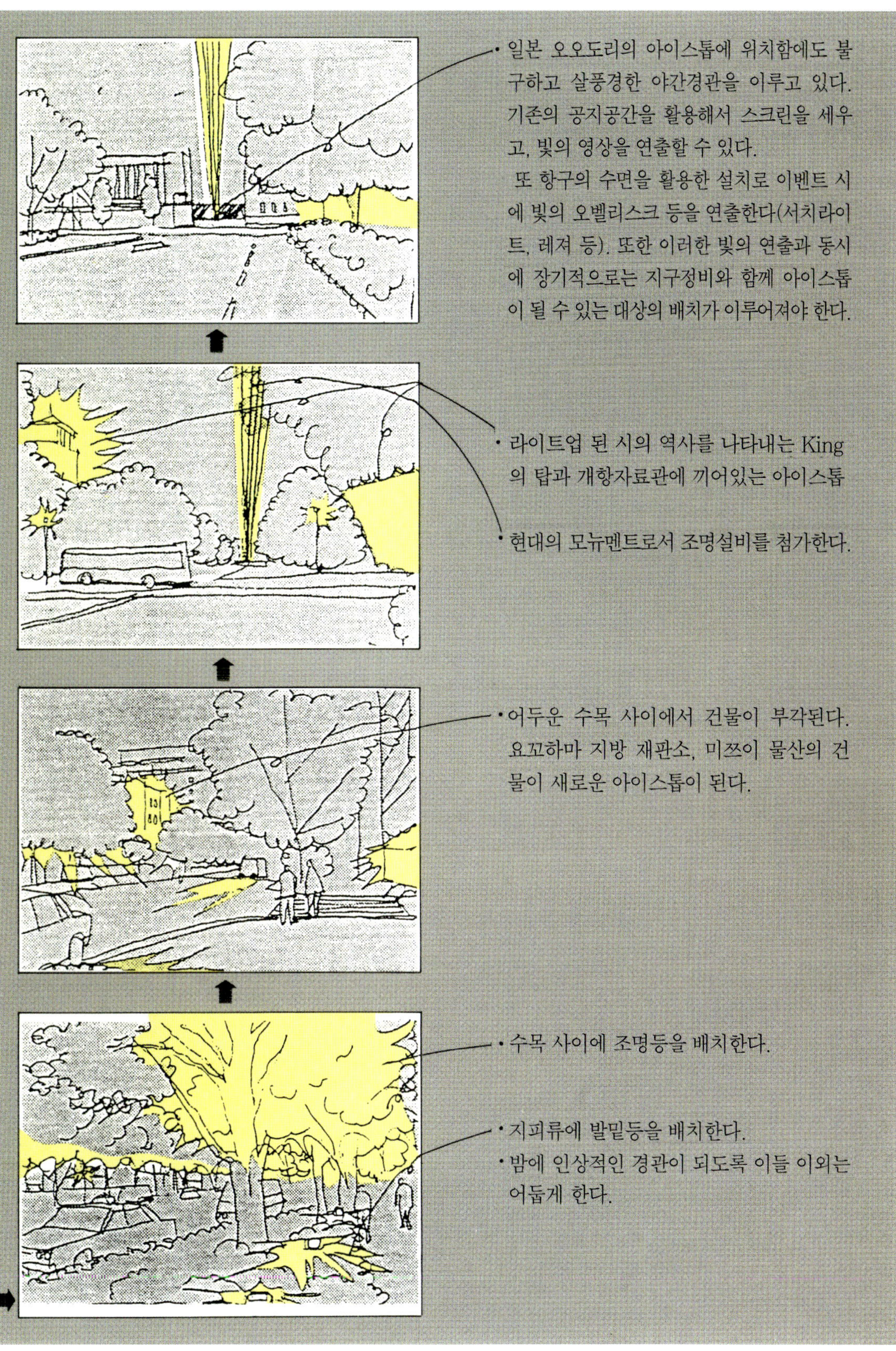

• 일본 오오도리의 아이스톱에 위치함에도 불구하고 살풍경한 야간경관을 이루고 있다. 기존의 공지공간을 활용해서 스크린을 세우고, 빛의 영상을 연출할 수 있다.
 또 항구의 수면을 활용한 설치로 이벤트 시에 빛의 오벨리스크 등을 연출한다(서치라이트, 레져 등). 또한 이러한 빛의 연출과 동시에 장기적으로는 지구정비와 함께 아이스톱이 될 수 있는 대상의 배치가 이루어져야 한다.

• 라이트업 된 시의 역사를 나타내는 King의 탑과 개항자료관에 끼어있는 아이스톱

• 현대의 모뉴멘트로서 조명설비를 첨가한다.

• 어두운 수목 사이에서 건물이 부각된다. 요꼬하마 지방 재판소, 미쯔이 물산의 건물이 새로운 아이스톱이 된다.

• 수목 사이에 조명등을 배치한다.

• 지피류에 발밑등을 배치한다.
• 밤에 인상적인 경관이 되도록 이들 이외는 어둡게 한다.

② 東門 도로

(테 마) • 활기와 고요함의 그레듀에이션

(내 용) • 등주의 낮은 보도조명과 식수대 주변에 발밑등을 배치한다.
   • 東門을 강조하는 조명을 실시한다.
   • 주차장 입구의 차이나타운다운 설비를 정비한다.
   • 임항선 벽면을 활용한 빛의 설비, 하부의 조명은 다운라이트의 약한 조명으로 한다.
   • 야마시타(山下)공원 입구의 광장상 부분은 조도를 높여 부각시킨다.

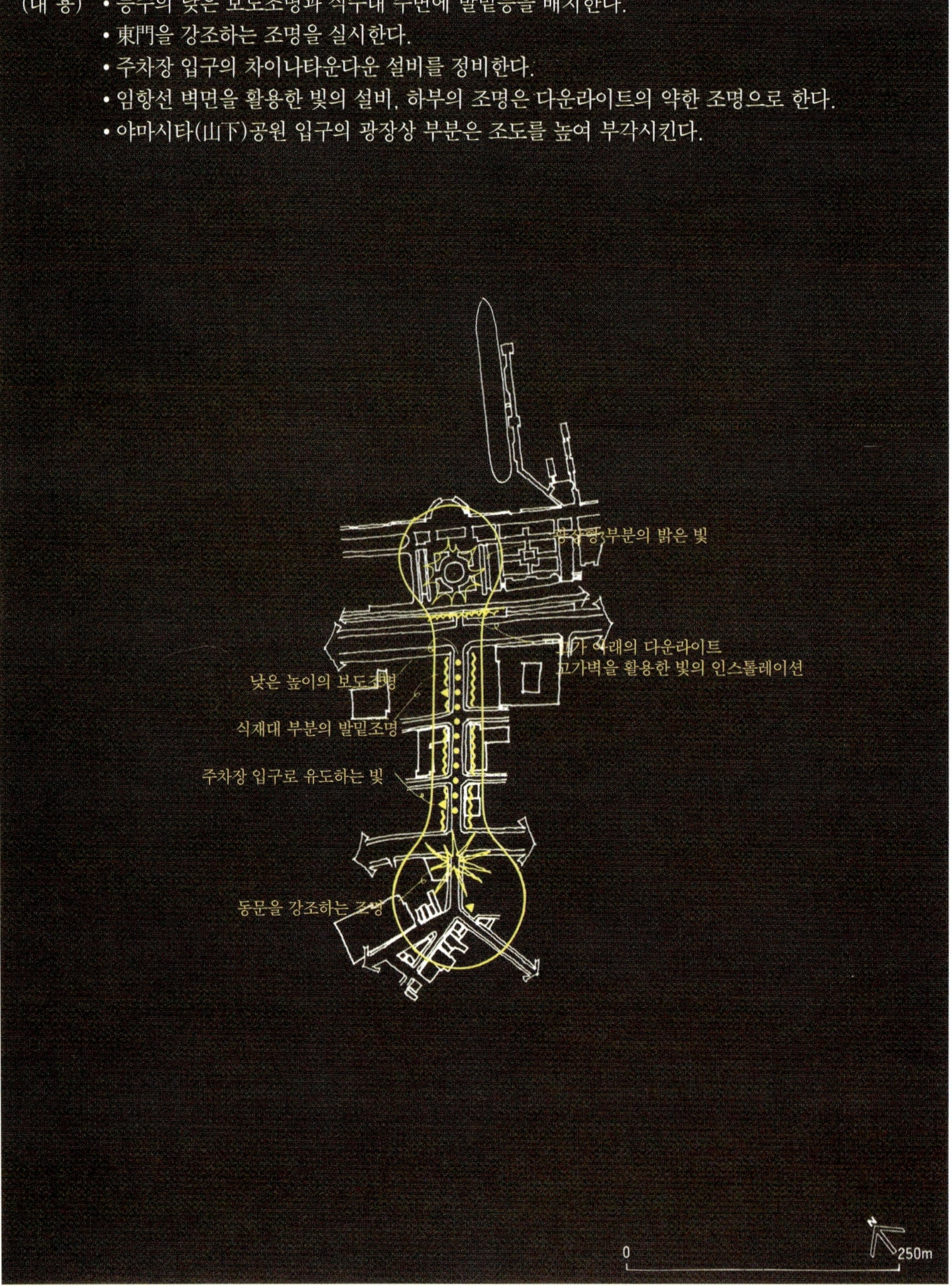

東門 도로

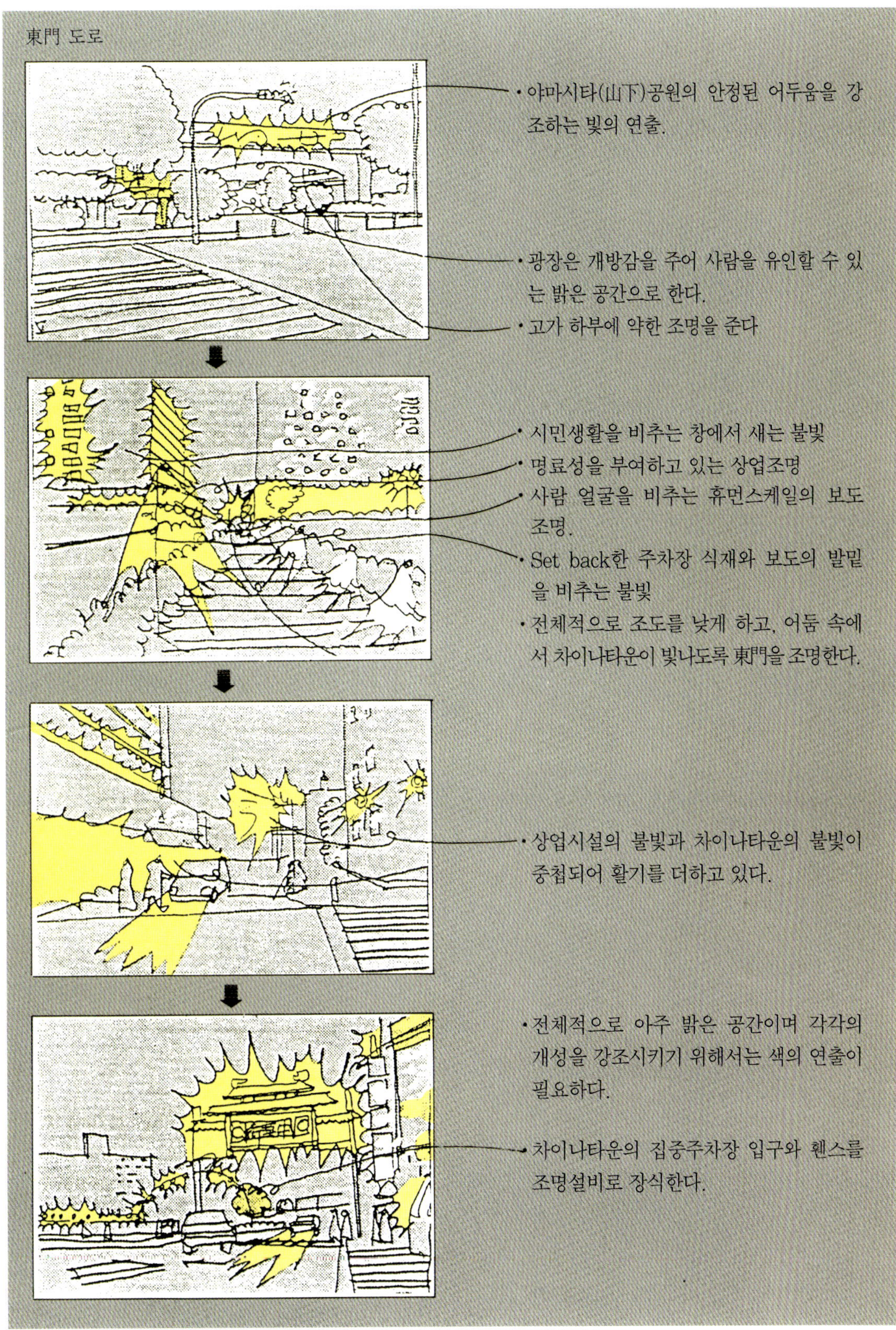

• 야마시타(山下)공원의 안정된 어두움을 강조하는 빛의 연출.

• 광장은 개방감을 주어 사람을 유인할 수 있는 밝은 공간으로 한다.
• 고가 하부에 약한 조명을 준다

• 시민생활을 비추는 창에서 새는 불빛
• 명료성을 부여하고 있는 상업조명
• 사람 얼굴을 비추는 휴먼스케일의 보도조명.
• Set back한 주차장 식재와 보도의 발밑을 비추는 불빛
• 전체적으로 조도를 낮게 하고, 어둠 속에서 차이나타운이 빛나도록 東門을 조명한다.

• 상업시설의 불빛과 차이나타운의 불빛이 중첩되어 활기를 더하고 있다.

• 전체적으로 아주 밝은 공간이며 각각의 개성을 강조시키기 위해서는 색의 연출이 필요하다.

• 차이나타운의 집중주차장 입구와 휀스를 조명설비로 장식한다.

③모토마치(元町) 도로
(테 마)　•소박한 윈도우쇼핑 가로

(내 용)　•가로조성협정에 따라 셔터의 개방화와 폐점 후에 디스플레이의 점등을 유도한다.
　　　　•Setback한 전성년의 불빛을 연속시켜 모토마치다움을 강조한다.
　　　　•몰 입구부에 설치된 상징 모뉴멘트의 불빛을 살리기 위해, 주변에 광고물 등의 과도한 불빛을 억제한다.

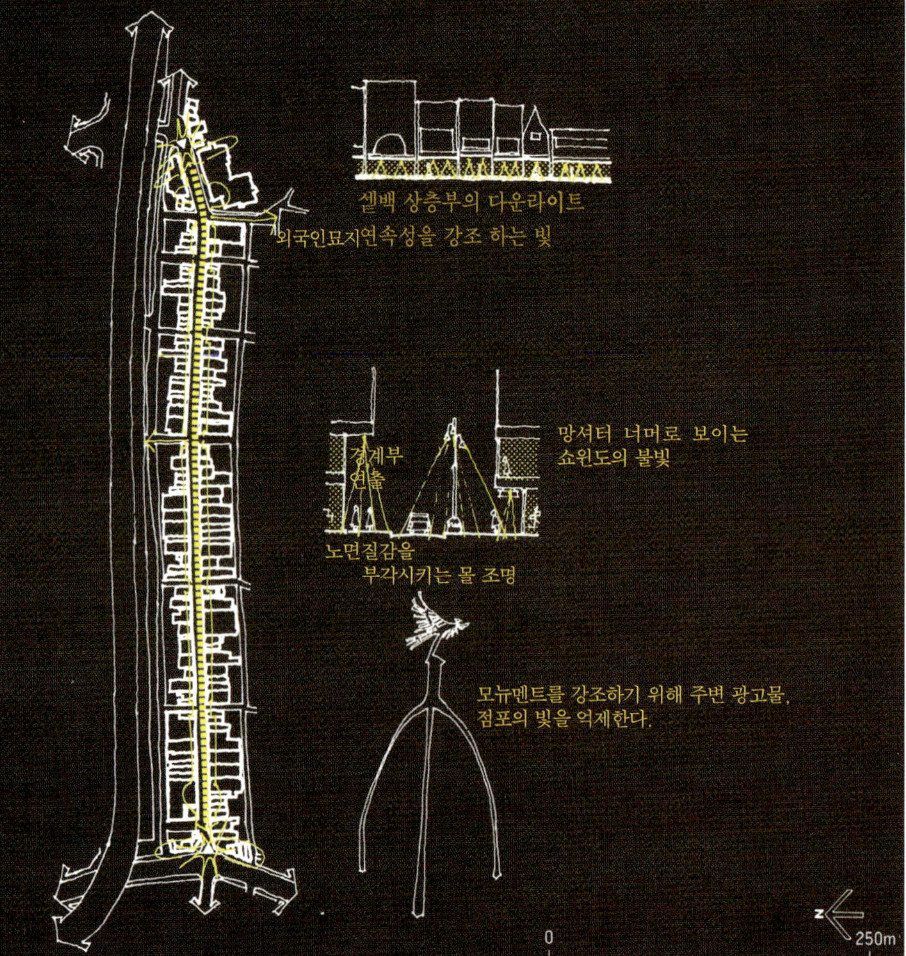

모토마치 가로조성 협정(협정항목)
소화 60년 8월 10일 시행
〔1층 개구부의 취급〕
개점 후, 어둡고 폐쇄적인 가로에 표정을 부여하기 위해, 최대한 링셔터와 같이 윈도우 쇼핑이 가능한 구조로 한다.

〔영업시간, 정기휴일〕
영업시간
　오전 10시부터 오후 8시 까지를 표준 영업시간으로 한다. 손님에게 나이트 쇼핑을 즐길 수 있도록 하기 위해, 특히 오후 8시 이전에 폐점하는 가게는 최대한 폐점시간을 연기하도록 하고, 폐점 후에도 상가의 표준 폐점시간 까지는 점포내 조명(폐점 후는 외부에서 점내가 보이지 않는 구조의 가게는 점포 앞부분 조명 등)을 점등해 두도록 유도한다. 또 쇼윈도우의 조명도 오후 10시까지 점등하도록 한다.

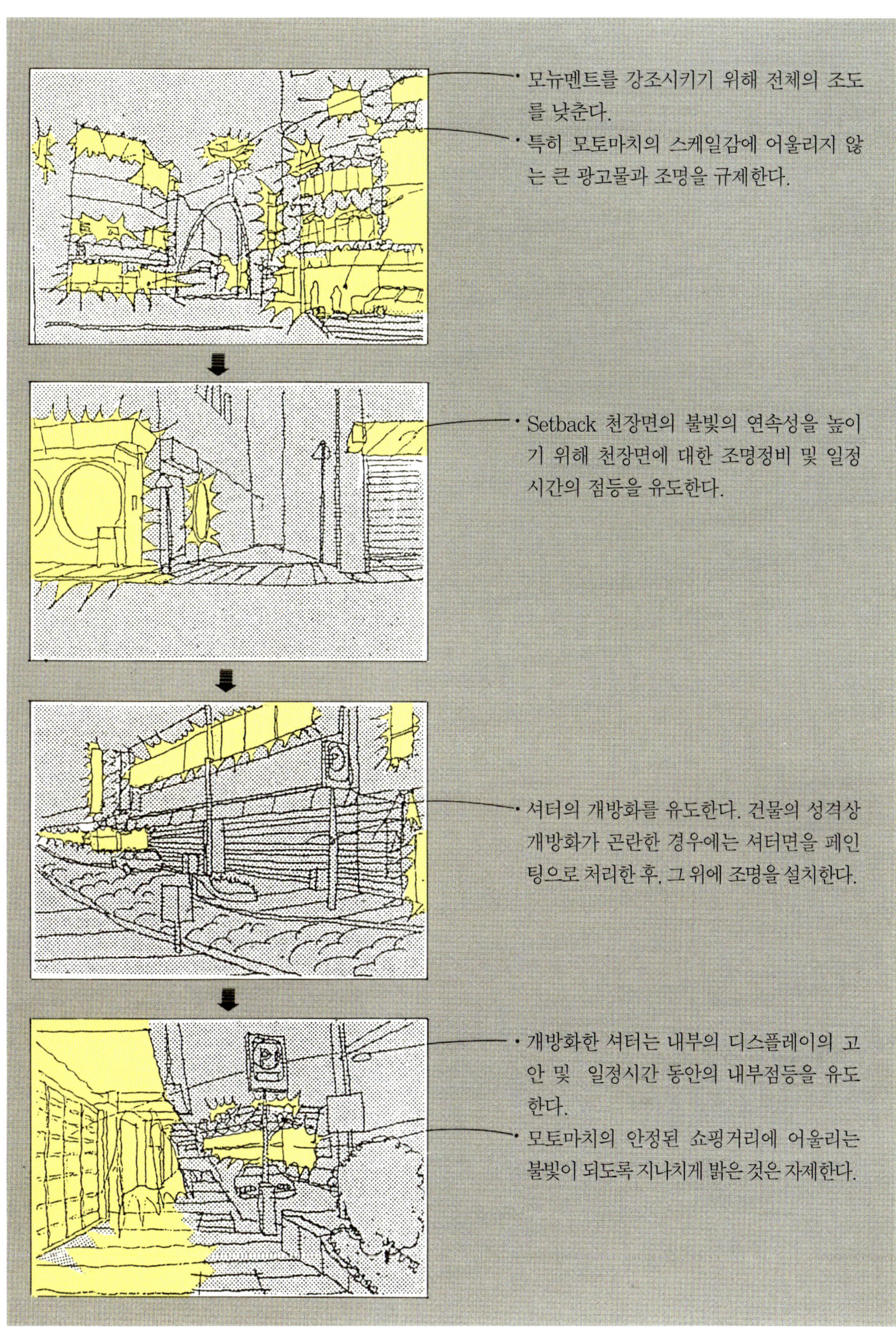

· 모뉴멘트를 강조시키기 위해 전체의 조도를 낮춘다.
· 특히 모토마치의 스케일감에 어울리지 않는 큰 광고물과 조명을 규제한다.

· Setback 천장면의 불빛의 연속성을 높이기 위해 천장면에 대한 조명정비 및 일정시간의 점등을 유도한다.

· 셔터의 개방화를 유도한다. 건물의 성격상 개방화가 곤란한 경우에는 셔터면을 페인팅으로 처리한 후, 그 위에 조명을 설치한다.

· 개방화한 셔터는 내부의 디스플레이의 고안 및 일정시간 동안의 내부점등을 유도한다.
· 모토마치의 안정된 쇼핑거리에 어울리는 불빛이 되도록 지나치게 밝은 것은 자제한다.

2

제 2 부 사례 - 도시조명의 실제

사례 - 도시조명의 실제

도시조명의 구체적인 정비방법은 다양하다. 여기서는 일본의 전국 각지에서 실시된 조명 중에서 추출한 여러 가지 사례를 소개한다. 이들 사례가 야간경관을 고려시 이미지 형성에 기여하고 야경계획을 수립할 때에 참고가 되기를 바란다.

사례리스트

조명물체	테마		장소 · 명칭	페이지
도로	가로	1. 보차도를 구별하는 가로수를 비추어주는 빛	川崎 · 시청도로	70
	가로	2. 보도 쪽으로의 빛을 억제한 차도조명	大阪 · 御堂筋	72
	가로	3. 조용함과 편안함을 연출하는 빛	高岡 · 富山 Civic Road	74
	가로	4. 운하의 역사를 비추는 빛	小樽 · 운하로 주변지구	76
	가로	5. 전통적인 가로경관과 조화를 이룬 빛	金尺 · 武家屋敷跡地域 歩道	78
	몰	6. 활기차고 즐거운 빛	横浜 · 이세자끼몰	80
	몰	7. 휴먼스케일로 친근감을 주는 빛	横浜 · 鶴見西口驛前몰	82
	자동차 전용도	8. 근경으로 빛의 샘을 억제한 빛	大阪 · 阪神高速道路東大阪線	84
교량		9. 도시의 게이트를 선명하게 하는 빛	神戸 · 六甲大橋	86
		10. 수변의 야경을 창출하는 빛	東京 · 隅田川사꾸라橋(보행자 전용교)	88
		11. 계절마다 빛의 색이 바뀌는 라이트업	新潟 · 万代橋	90
		12. 아름다운 형태를 부각시키는 라이트업	東京 · 首都高速道路하프橋	92
		13. 만취한 색채 칵테일	名古屋 · 센트럴 브릿지	94
역전광장		14. 중심성을 강조하는 빛	浜松 · 浜松驛前廣場	96
		15. 명암대비를 강조하는 빛	横浜 · 横浜驛東口	98
		16. 발밑으로 펼쳐지는 빛의 모자이크	安城 · 安城驛前廣場	100
공원		17. 사람들을 유인하는 방향성이 있는 빛	福岡 · 舞鶴公園道路	102
		18. 수면에 반사되는 빛	横須賀 · 三笠公園	104
		19. 밝고 개방적인 빛	大阪 · 大阪城公園	106

1. 보차도를 구분하고 가로수를 비추는 빛

◎ ─특색
· 차도와 보도 각각에 적합한 불빛을 적절히 배치하고, 특히 보도용은 가로수의 잎을 선명하게
  비추고 있다.

◎ ─도시속의 입지조건
· JR 가와사끼역(川崎驛) 동쪽 출구에서 국도 15호에 이르는 지방도이며, 도로변은 시청을 시작
  으로 은행, 아파트, 오피스 등이 줄지어 있는 가와사끼시(川崎市)의 얼굴이라고도 할수 있는
  거리이다.

◎ ─주변의 조명환경
· 상업 · 업무지역으로, 광고물, 점포, 빌딩의 창에서 새어나오는 불빛이 많지만 약 10m의 광폭
  보도에 심겨진 가로수가 그 눈부심을 완화시키고 있다.

◎ ─운용방법, 설치동기 등
· Mall화 사업과 함께 정비, 점등 · 소등은 자동제어하고, 심야(23:00～06:00)는 타이머로
  차도용 · 보도용 모두 조광점등 된다.

가와사끼(川崎) : 시청로

◎— 광원
차도용 조명 : 연색개선형 고압 나트륨램프
360w×2
보행자용 조명
전주등 : 형광수은램프 300w
Footlight : 형광수은램프

◎— 조명기구
차도용 조명 : 스테인레스 조명기구
pole높이 10m
보행자용 조명
Pole등 : 스테인레스 조명기구
Pole높이 5m
Footlight : 식재 내 설치

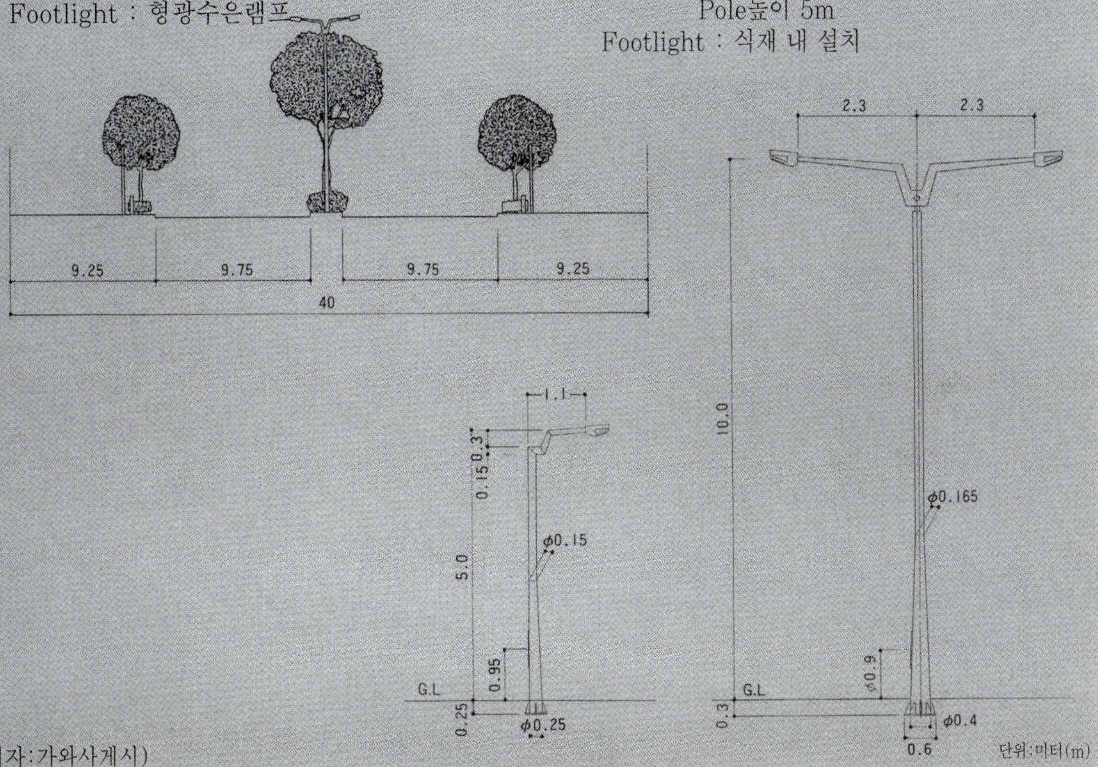

9.25 9.75 9.75 9.25
40

2.3 2.3

φ0.165
10.0
φ0.9
G.L
0.3
φ0.4
0.6

1.1
0.15 0.3
5.0
φ0.15
0.95
G.L
0.25
φ0.25

(관리자 : 가와사게시)

단위 : 미터(m)

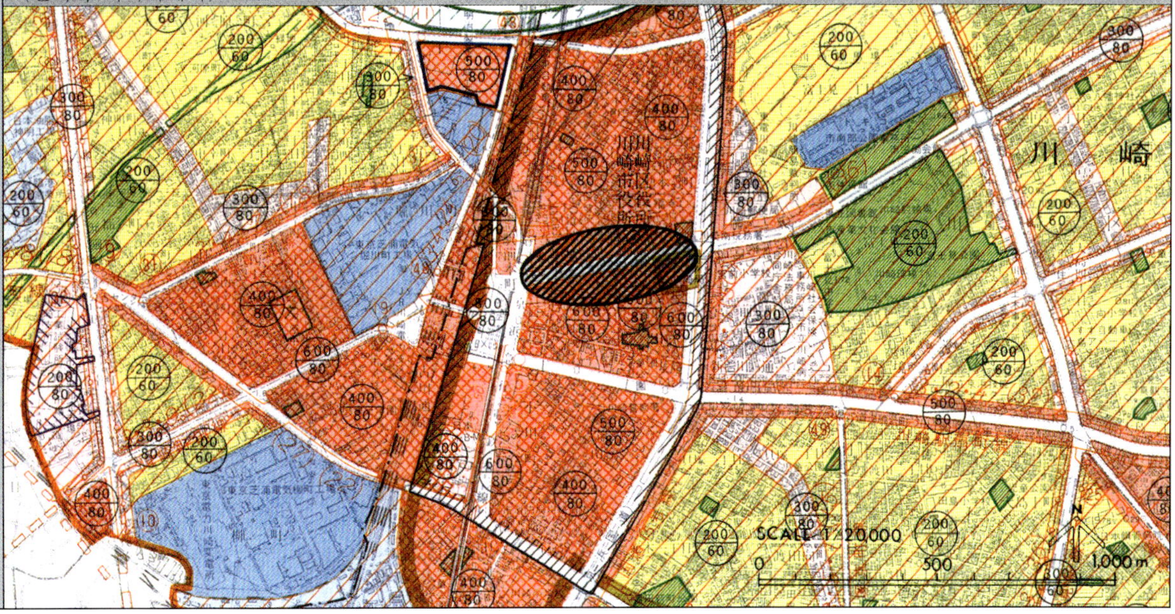

2. 보도 쪽으로의 빛을 억제한 차도 조명

◎ ─ 특색
· 보도와 도로에서의 조도차를 좀더 두드러지게 하기 위해 도로조명이 보도 쪽으로 새는
 것을 가급적 억제하고 있다.

◎ ─ 도시 속의 입지조건
· 오오사까(**大阪**) 중심시가지의 남북간선도로인 미도수지(**御堂筋**)(국도25호)와 센리 NT
 방면으로 뻗어있는 신미도수지(국도423호)가 교차하는 업무중심지의 한 부분이다.

◎ ─ 주변의 조명환경
· 잘 관리된 대형업무 빌딩이 많고, 광고물 등의 제한 및 협조제도로 적은 양의 도로변 불빛
 은 차분하며 격조 높은 빛을 발하고 있다..

◎ ─ 운용방법, 설치동기 등
· 시가 양호한 경관형성을 도모하는 경관행정지도구역으로 크리스마스 시즌에는 민간단체
 가 일루미네이션을 곳곳에 밝히고 있다.

오오사까(大阪)·미도수지(御堂筋)

◎―광원
형광수은램프 700w

◎―조명기구
스테인레스 도로조명용 기구 Pole높이 10m

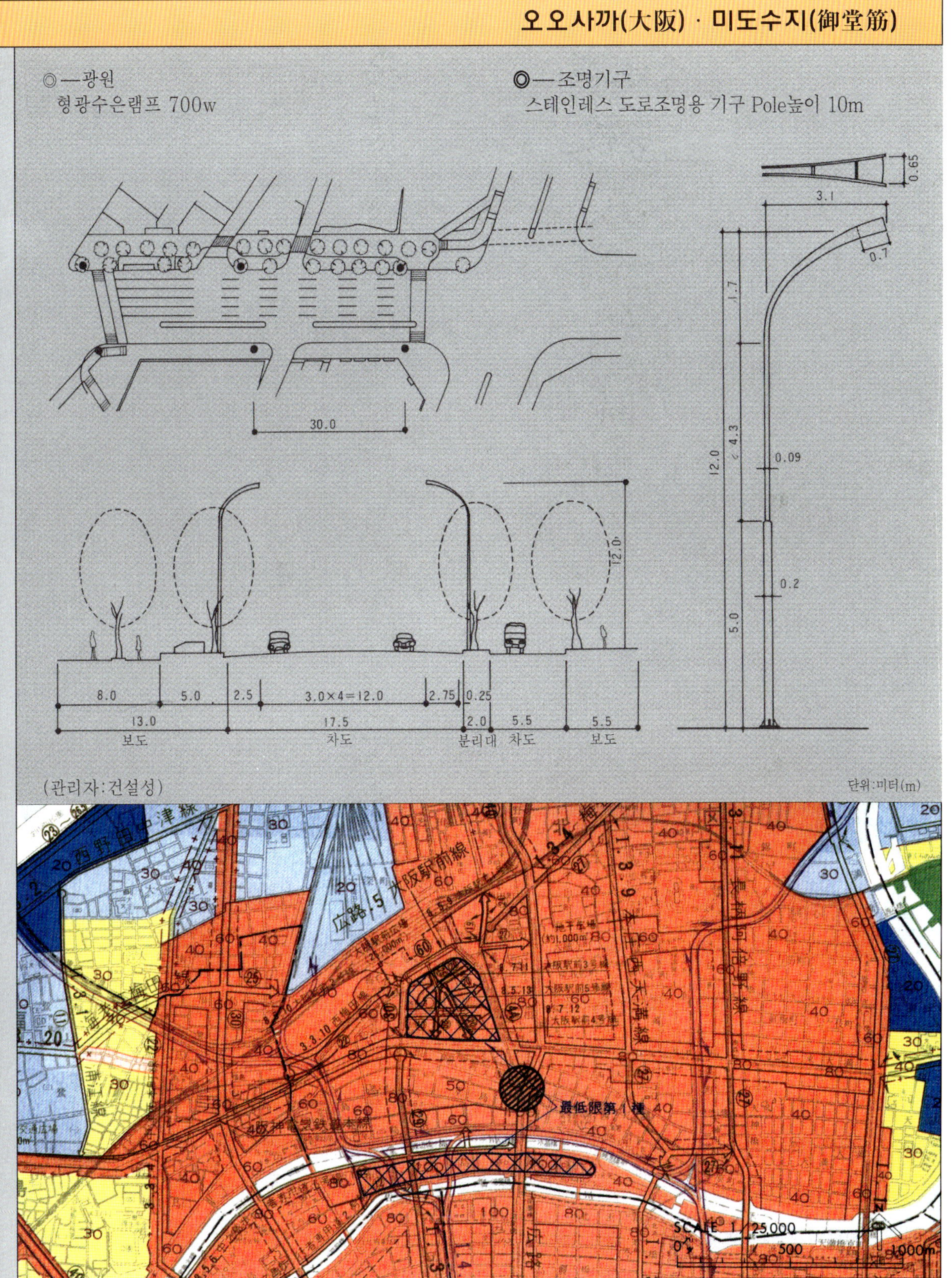

(관리자:건설성)

단위:미터(m)

3.조용함과 편안함을 연출하는 빛

◎—특색
· 고요함과 안정감을 나타내는 불빛으로 문화성과 격조를 연출하고 있다.

◎—도시속의 입지조건
· 현을 대표하는 문화시설과 고등학교에 끼어있는 문화교육의 향기가 높은 지구에 위치한다.

◎—주변의 조명환경
· 도로변의 문화교육시설이 어둡다. 또 높이가 낮은 건물과 윤택한 부지내 오픈스페이스로 밤하늘을 충분히 조망할 수 있다.

◎—운용방법, 설치동기 등
· 문화홀, 고지대녹지, 현립고교로 접근하는 주도로로서 아름다운 경관조명 창출을 도모한다.

3.조용함과 편안함을 연출하는 빛

다까오까(高岡) : 후찌야마 시빅로드(富山 Civic Road)

◎— 광원
　차도용 : 형광수은램프 200w
　보도용 : 형광수은램프 100w

◎— 조명기구
　차도·보도용 조명기구
　·차도측 부착높이 : 8m
　·보도측 부착높이 : 4.5m

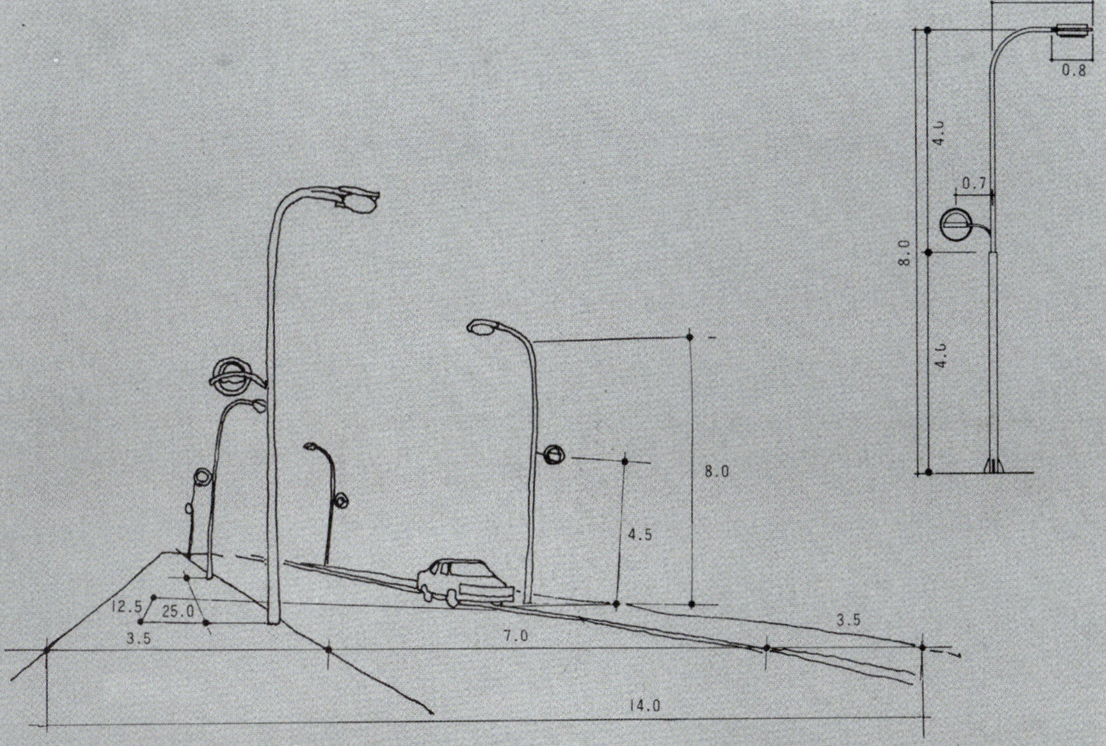

(관리자:다까오까시)

단위:미터(m)

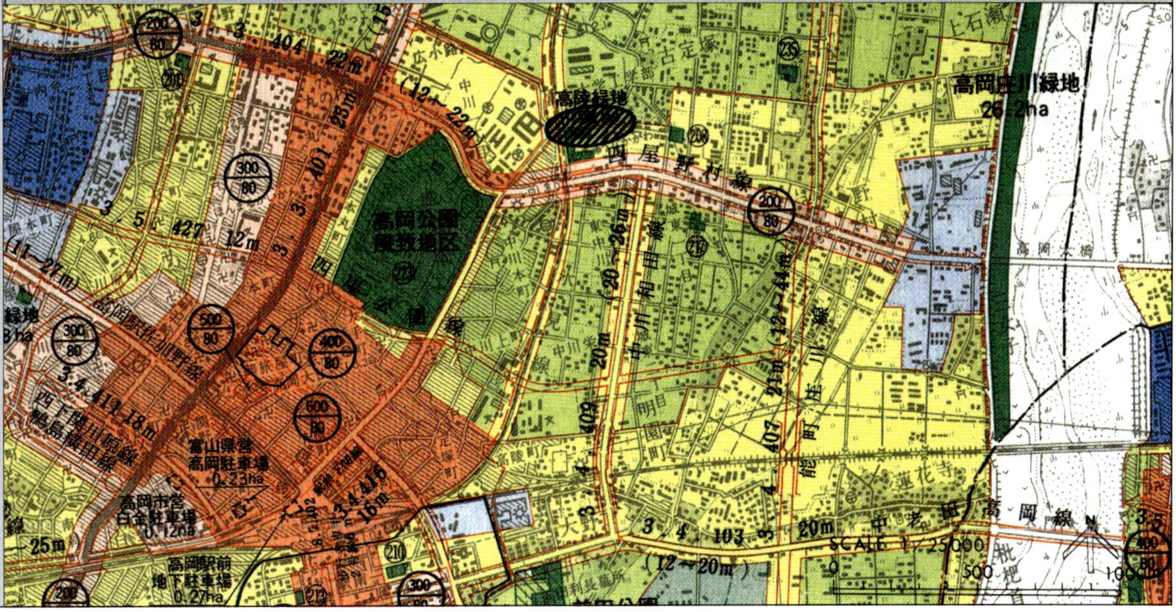

4.운하의 역사를 비추는 빛

◎─특 색
· 운하의 물과 목골석조의 창고들이 조화를 이루고 있는 불빛을 연출하고 있다.

◎─도시 속의 입지조건
· 시중심에서 조금 떨어진 워터프론트에 위치한다.
· 역사적 가로경관 보전지구이다.

◎─주변의 조명환경
· 운하변 및 차도변에 석조의 창고가 줄지어 서있어 어둡다.

◎─운용방법, 설치동기 등
· 시에서 경관지구로 지정하고 있다.
· 도로확장정비와 함께 유보도, 광장, 스트리트퍼니쳐가 종합적으로 정비되었다.

小樽: 운하로 주변지구

◎ — 광원
산책로 조명 : 멘탈발광체(도시가스연료)
가스등 1기당 100w
light up : 할로겐 전구 250w×30

◎ — 조명기구
산책로 조명 : 합금 주물 가로등 pole높이 3.35m
light up : 할로겐 전구용 투광기

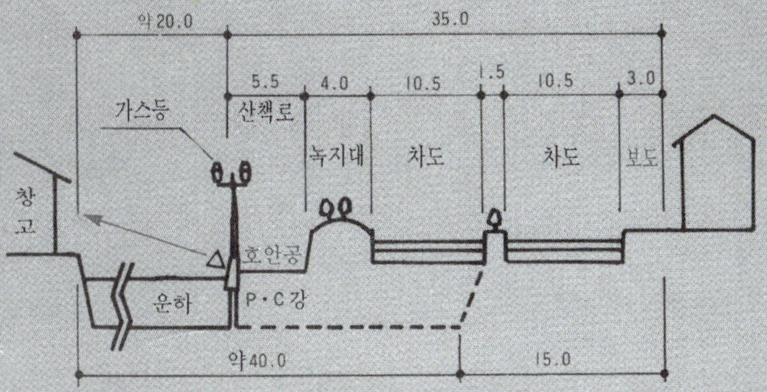

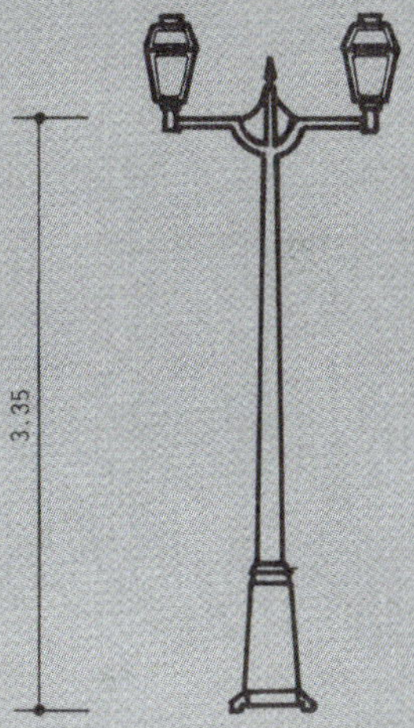

(관리자:小樽시, 홋카이도)

단위:미터(m)

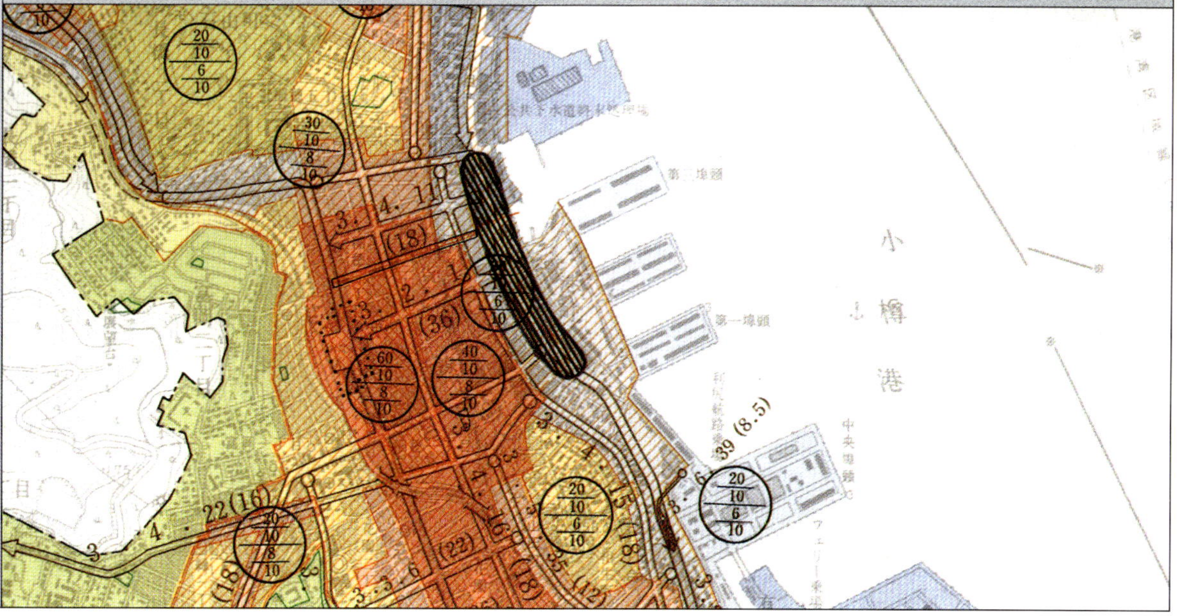

5. 전통적인 가로경관과 조화를 이루는 빛

◎—특색
· **加賀百萬石** 시대의 흔적이 남아있는 **武家**주택부지 이적지구에 남겨진 토담변의 보도에 설치되어
  보도경계책과 일체화된 조명기구가 전통적인 가로경관과 조화이룬 불빛을 내고 있다.

◎—도시속의 입지조건
· 가나자와시(**金尺市**)를 대표하는 번화가(**片町, 香林坊**)에 인접한 **舊武家**주택지 동네에 위치해 있다.

◎—주변의 조명환경
· 전통적인 가로경관 속에 있으며 비교적 어둡다.

◎—운용방법, 설치동기 등
  · 가나자와시(**金尺市**)의 역사적 지구환경 정비가로사업으로서 **武家**주택부지 이적지구 일대의 보도가정
    비되고 그 **武家**주택부지의 횡으로 흐르는 용수를 따라 가로경관과 조화이룬 보도책이 설치되고이와
    함께 일본풍의 조명기구가 설치되었다.

가나자와(金尺)·武家屋敷跡地域步道

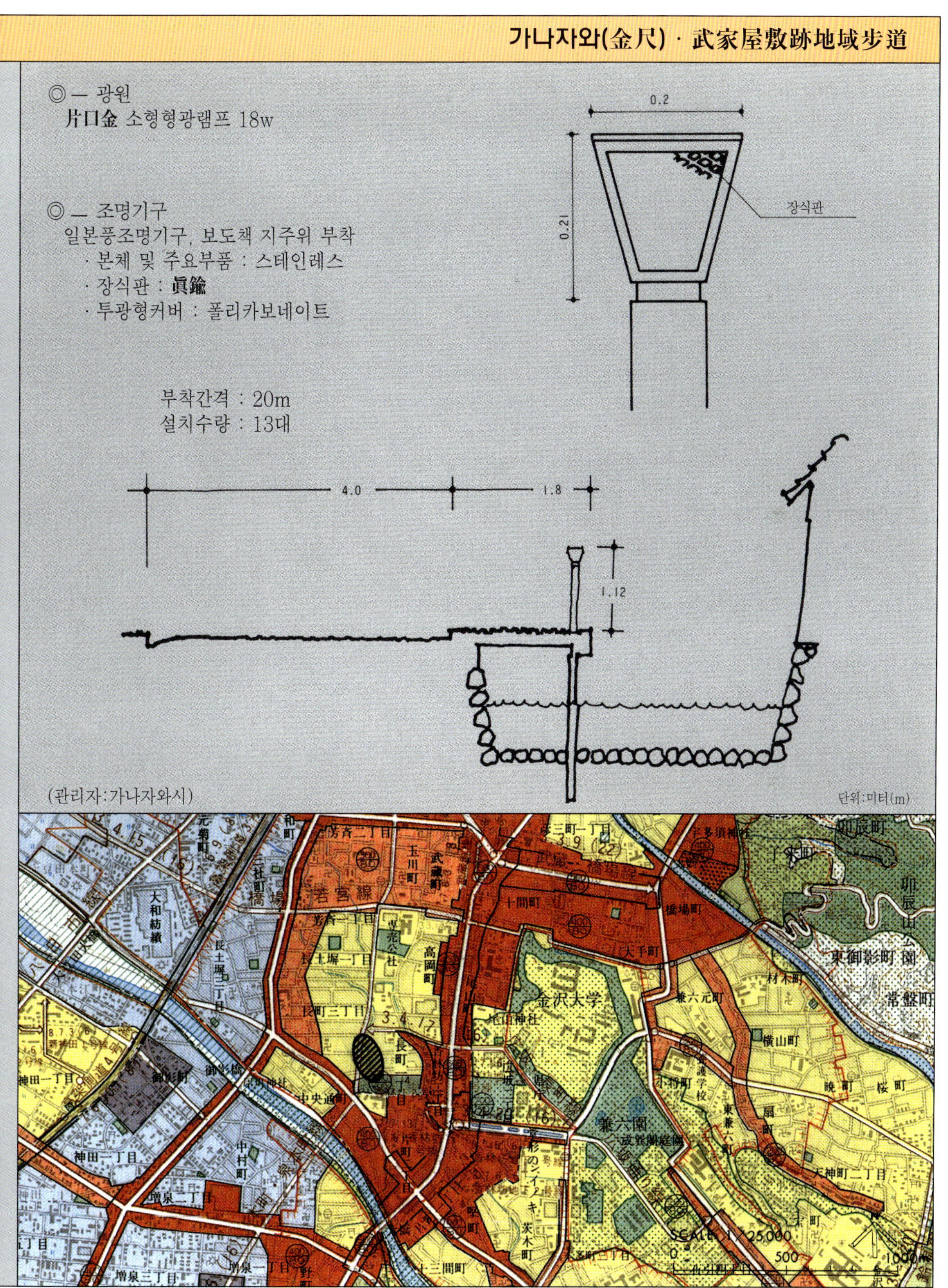

6. 활기차고 즐거운 빛

◎ ─ 특색
· 고전력의 HID램프를 사용함으로서 반짝거림을 방지하고, 밝은 보행자공간을 창출하며, 저휘도 백열전구를 보조등을 추가하여 활기를 연출하고 있다.

◎ ─ 도시속의 입지조건
· 요꼬하마(橫浜) 개항당시부터 대표적인 상점가이며 일반차량의 진입을 24시간 금하고, 보행자 전용도로로서 정비된 쇼핑몰.

◎ ─ 주변의 조명환경
· 도로변 점포내의 조명, 윈도우 조명, 내조식 간판 등으로 인해 주변은 밝다.

◎ ─ 운용방법, 설치동기 등
· Mall화에 따라 종래의 아케이드 조명으로 바뀌는 「가로의 효과적인 조명계획」에 의거하여 설치
· 도로점용물로서 허가를 받고 있다.
· 「이세자끼몰 관리요강」에 의거하여 지역에서 관리하고 있다.

요꼬하마(橫浜) : 이세자끼몰

◎ — 광원
주조등(전반사조명) : 메탈할라이드 램프 700w
보조등(pole 바로 밑의 조명과 활기의 연출) :
백열전구 150w×2

◎   조명기구
조명기구 본체 및 pole : 스텐레스 제품

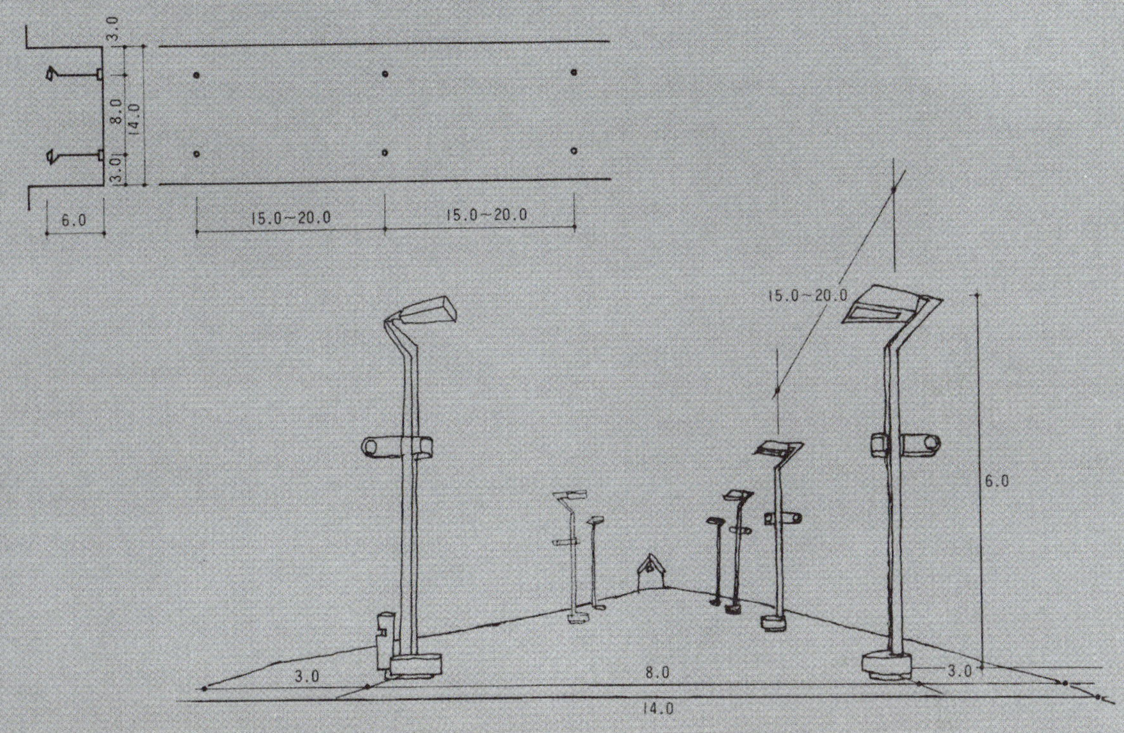

(관리자:이세자끼쵸1·2쵸메 지구상점가 진흥조합)

단위:미터(m)

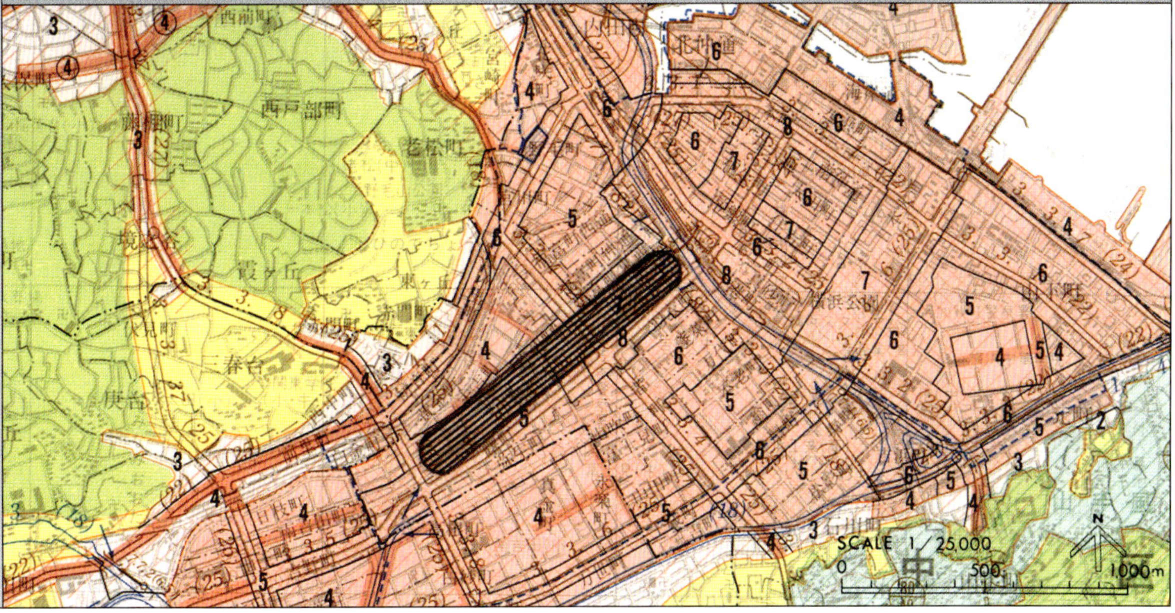

7.휴먼스케일로 친근감을 주는 빛

◎─특색
· 사람들의 신장에 가까운 높이로 설치된 불빛이 친밀감을 몰에 부여하고 있다.

◎─도시속의 입지조건
· 역전의 상업지역에 위치, 대형점포 빌딩, 공동화된 상업빌딩 및 오락시설 등의 빌딩에 있는 보행자 전용몰

◎─주변의 조명환경
· Mall 양측의 불빛이 다르다. 대형점포빌딩 및 공동화된 상점빌딩은 Mall과 조화를 이룬 1층 레벨의
  포근한 불빛, 한편 오락시설 등의 빌딩은 광고물 등으로 지나치게 활기있는 불빛이 되고 있다.

◎─운용방법, 설치동기 등
· 시가지 재개발 사업으로 통일적으로 정비되었다.

요꼬하마(横浜): 쯔루미 서측입구역앞 Mall(鶴見西口驛前몰)

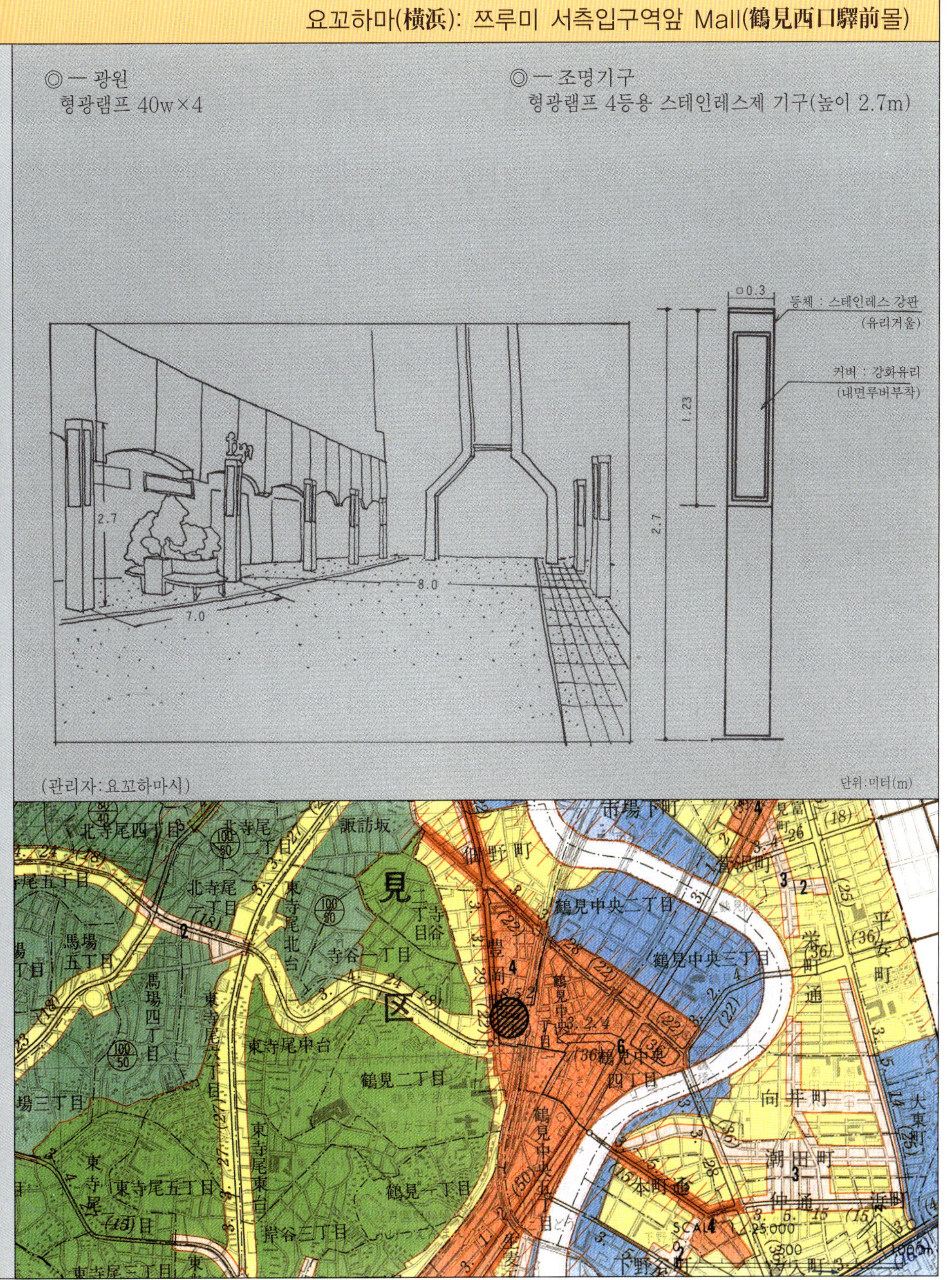

8.근경으로 빛의 샘을 억제한 빛

◎―특색
· 일반적인 폴조명과는 달리 난간상부에 부착된 이 도로조명에는 배광, 색이 고안되었으며, 오오사까성
 (大阪城), 남바궁(難波宮) 유적의 주변경관을 고려한 조명이 되고 있다.

◎―도시속의 입지조건
· 도심부를 동서로 종단하는 고속도로에서 북측에 오오사까성(大阪城),남쪽에는 남바궁(難波宮)유적이 있다.

◎―주변의 조명환경
· 북측은 업무빌딩 창이 빛의 벽을 만든다. 남측은 유적에 면해 있어 어둡다.

◎―운용방법, 설치동기 등
· 남바궁(難波宮) 유적에서 본 오오사까성(大阪城)의 경관을 배려해서 계획되었다.

오오사까(大阪): 한신고속도로 동오오사까선(阪神高速道路東大阪線)

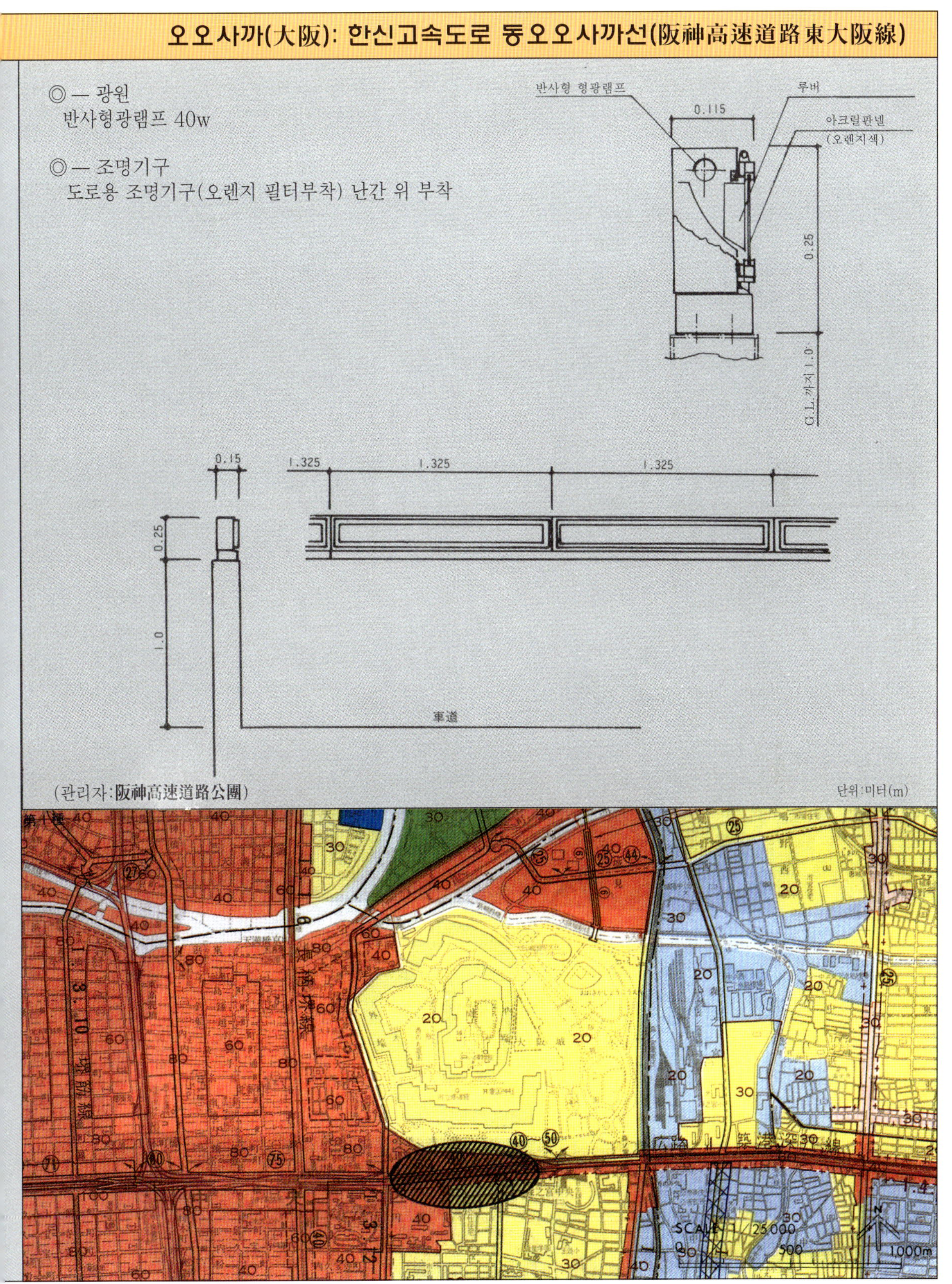

9.도시의 게이트를 선명하게 하는 빛

◎―**특색**
· 루버로 배광제어와 기구 부착각도 들을 고려하여, 교량 밖으로 새어나는 빛을 차단하고 선박항해에 지장을 주지 않도록 하고 있다. 또 난간조명을 실시하고 있기 때문에 교량부를 떠오르게 하는 효과가 있다.

◎―**도시속의 입지조건**
· 롯고대교(六甲大橋)는 고베항 제2의 인공섬인 롯고아일랜드와 시가지를 잇는 교량길이 400m, 3경간 연속트러스, 강상판 더블트러스 형식의 사장교이다.

◎―**주변의 조명환경**
· 롯고아일랜드 내에는 항만시설, 도시시설 등의 빛이 있다.

고베(神戸): 롯고대교(六甲大橋)

◎ — 광원
고압나트륨 램프 150w×64

◎ — 조명기구
알루미늄 캐스터 도로조명기구

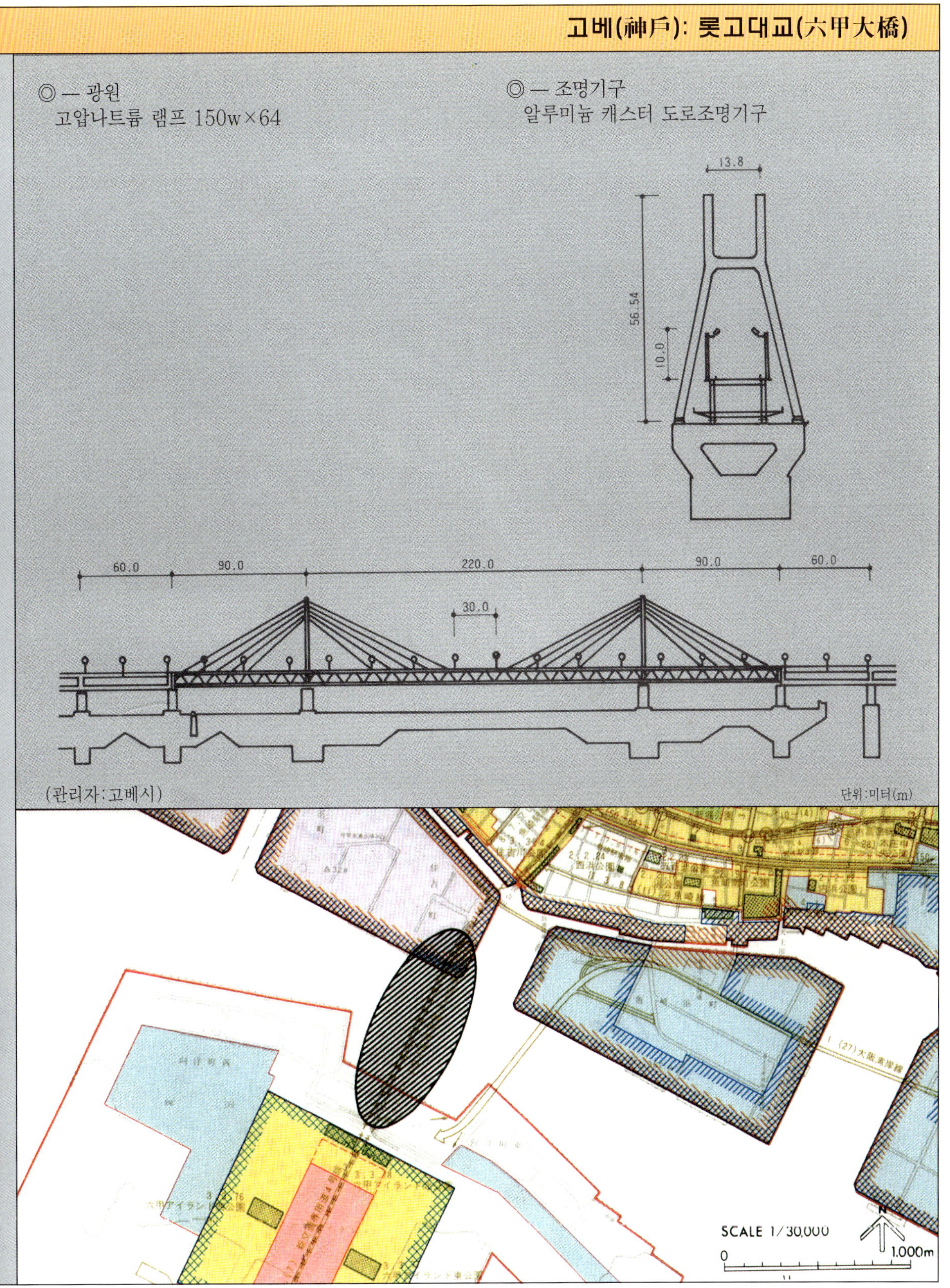

10.수변의 야경을 창출하는 빛

◎─특색
· 스미다가와(隅田川)에 걸쳐있는 다이토구(台東區)와 수미다구(墨田區)를 잇는 보행자 전용교량이다.
  조명은 보행자의 통행의 안전확보 뿐만 아니라, 교량 전체를 밤의 수미다가와(隅田川)로 부각시켜 교량,
  하천, 친수제방을 하나로 통합하는 야경연출을 목표로 설계되었다.

◎─도시속의 입지조건
· 스미다가와(隅田川)의 양안에 위치하는 다이토구(台東區)와 스미다구(墨田區)로 나뉘어진 스미다공원
  (隅田公園) 내에 있다.
· 공원의 주변에는 업무지, 상업지, 주택지가 혼재되어 있다.

◎─주변의 조명환경
· 하천 위에 위치하여 교량주변은 어둡지만 고속도로 조명과 빌딩의 창조명 등이 보인다.

◎─운용방법, 설치동기 등
· 일몰시에 점등하고 22시에 난간등의 1/2을 소등한다.

동경(東京): 스미다가와(隅田川) 사꾸라교(櫻橋)(보행자전용교)

◎ ― 광원
   난 간 등 : 형광램프 40w×175
   교량위등 : 형광램프 110w×18
   수 면 등 : 수은램프 100w×18

◎ ― 조명기구
   난 간 등 : 형광등기구(스테인레스)
   교량위등 : 주상형광등기구
           (알루미파이프+플라스틱커버)
   수 면 등 : HID 램프용기구
           (알루미본체+스테인레스가드)

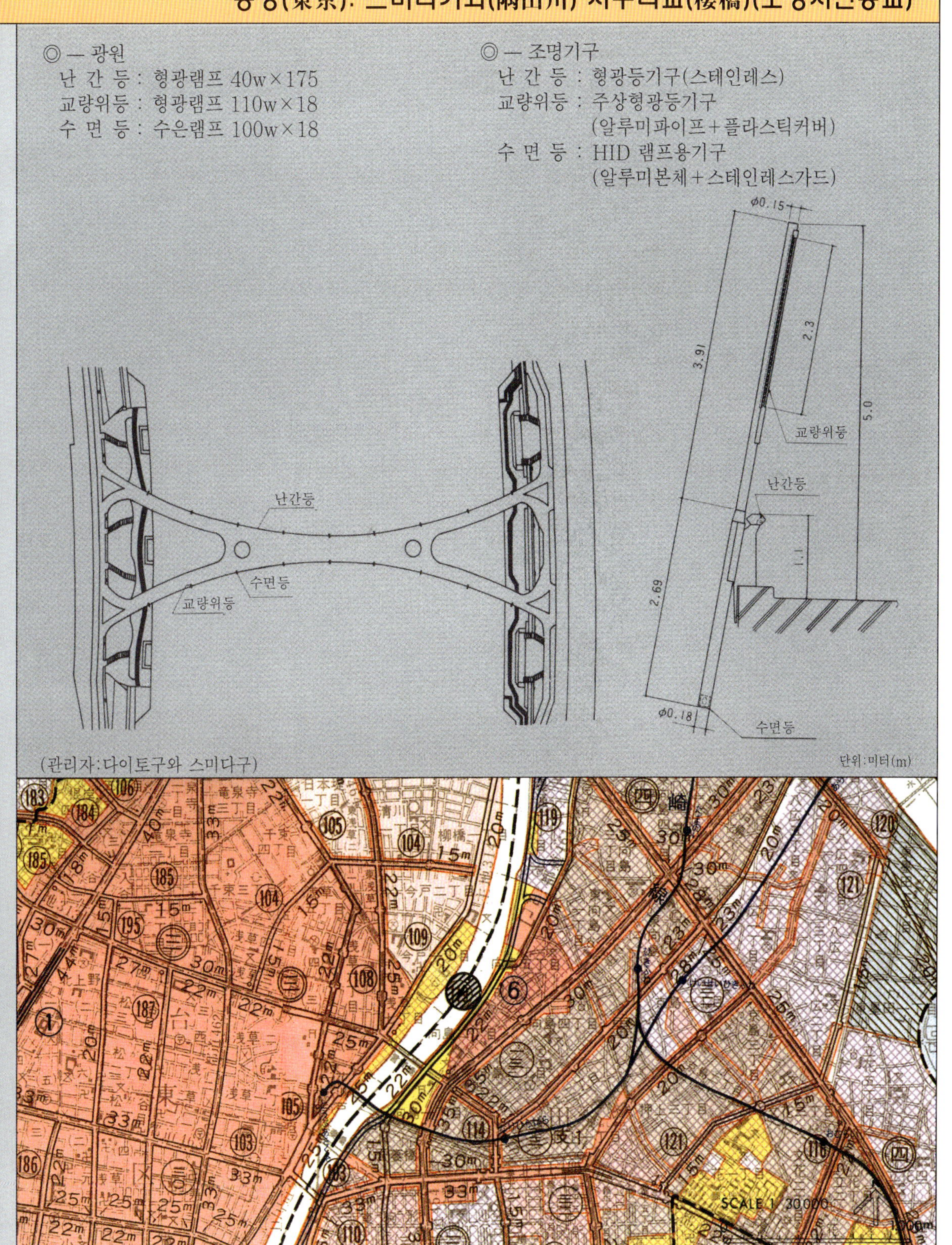

11.계절마다 빛의 색이 바뀌는 라이트업

◎─특색
· 아치교의 교각부에 강한 엑센트를 주고 **信濃川**을 낀 2개 지구를 명암의 리듬으로 연결하고 있다.
  또 하계는 한색계, 동계는 난색계의 불빛으로 계절감을 연출하고 있다.

◎─도시속의 입지조건
· 도시의 중심에 있는 상업지역을 관통하는 메인스트리스를 잇는 가교

◎─주변의 조명환경
· 교량의 양측 지역은 상업지구로 밝다.
· 수면은 어둡기 때문에 교각의 액센트 조명이 눈에 띄고 있다.

◎─운용방법, 설치동기 등
· 니이가타시(**新潟市**)의 상징인 **万代橋**의 100주년을 기념해서 「**万代橋**의 백주년 기념회」가
  시민의 기부를 받아 설치했다.
· 하계는 한색계의 메탈할라이드램프, 동계는 난색계의 고압나트륨램프로 교환하고 있다.
· 점등시간 : 하계는 일몰부터 11시, 동계는 일몰부터 10시

니이가타(新潟): 万代橋

◎ — 광원
  하계 : 메탈 할라이드 램프 400w×24
          메탈 할라이드 램프 300w×10
  동계 : 고압 나트륨 램프 360w×24
          고압 나트륨 램프 220w×10

◎ — 조명기구
  HID램프용 투광기×34

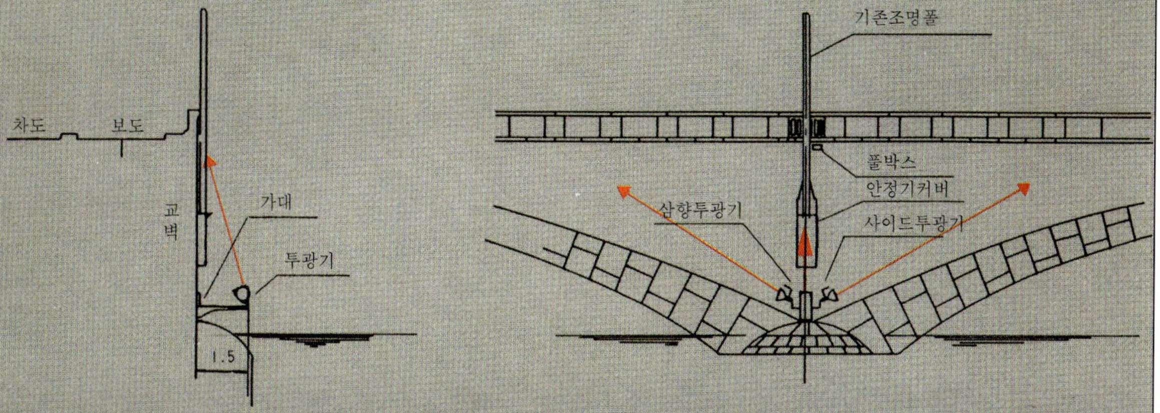

(관리자:니이가따시)   단위:미터(m)

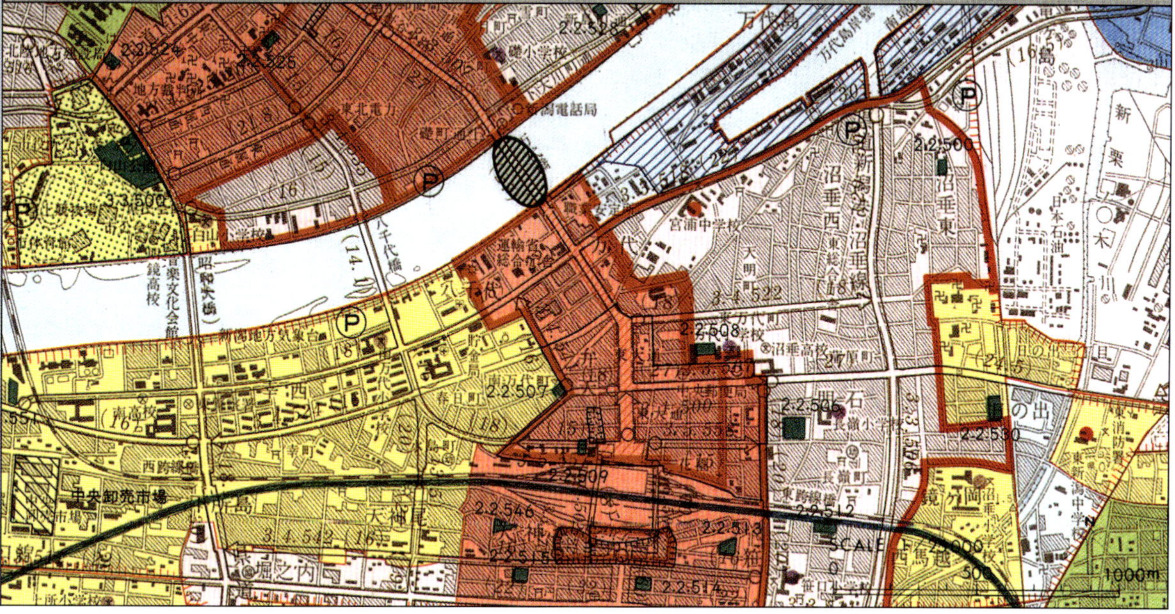

12.아름다운 형태를 부각시키는 라이트업

◎―특색
· S자형 곡선모양의 사장교를 라이트업 함으로서 야간경관에 액센트를 갖게 하고, 단조롭기 쉬운 야간운전
  에변화를 주고 있다. 또 지역민의 의견을 존중하고 조류 등의 서식에 주의하여 자연과의 조화를 도모하는
  조건으로 추진되었다.

◎―도시속의 입지조건
· 수도고속 **葛飾**에도가와선(수도고소6호선의 종점인 동경도 **葛飾區** 요쯔기(**四木**)와 에도가와구(**江戸川區**)
  린까이쬭(**臨海町**)의 고속해안선을 연결하는 연장(약 11.2㎞의 구간)의 **綾瀬川**과 나까가와(**中川**)와의 합
  류점에 위치한다.

◎―주변의 조명환경
· **綾瀬川**과 나까가와(**中川**)의 합류천이며, 수역이 넓고 하천변은 고층건물도 없기 때문에 어둡다.
  라이트업으로 교량을 견고하게 부상시킴과 동시에 수변으로의 빛의 반사가 강조되고 있다.

◎―운용방법, 설치동기 등
· 하계점등기간(6월~9월)과 동계점등기간(10월~5월)에는 모두 20:00까지 매일 점등하고 있다.
  단, 점등개시는 도로등과 동시에 점등하고 있다.

토쿄(東京) : 수도고속도로(首都高速道路) 하프橋

◎ ― 광원
메탈할 라이트 램프 1000w×4(통상)
메탈할 라이트 램프 400w×12(통상)
메탈할 라이트 램프 400w×4(하계)
메탈할 라이트 램프 250w×8(통상)
메탈할 라이트 램프 250w×4(하계)
고압 나트륨 램프 360w×4(하계)
고압 나트륨 램프 220w×4(하계)
(도로조명등 : 형광수은램프 300w)

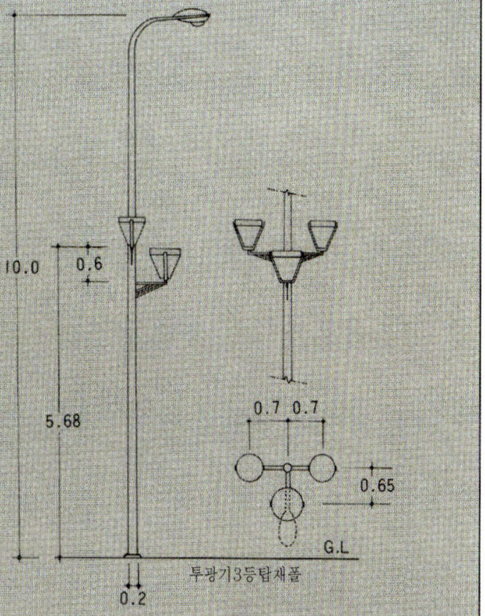

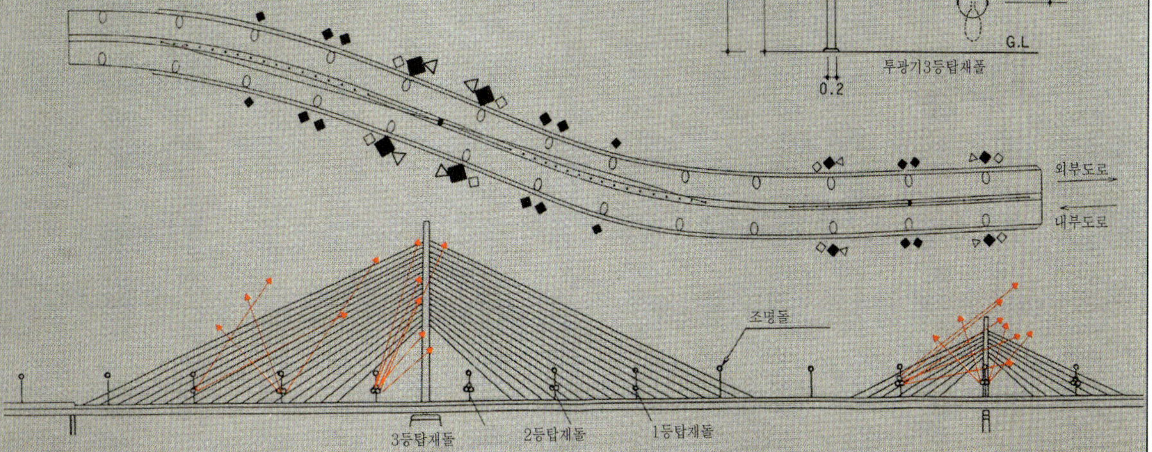

(관리자 : 首都高速道路公團) 단위 : 미터(m)

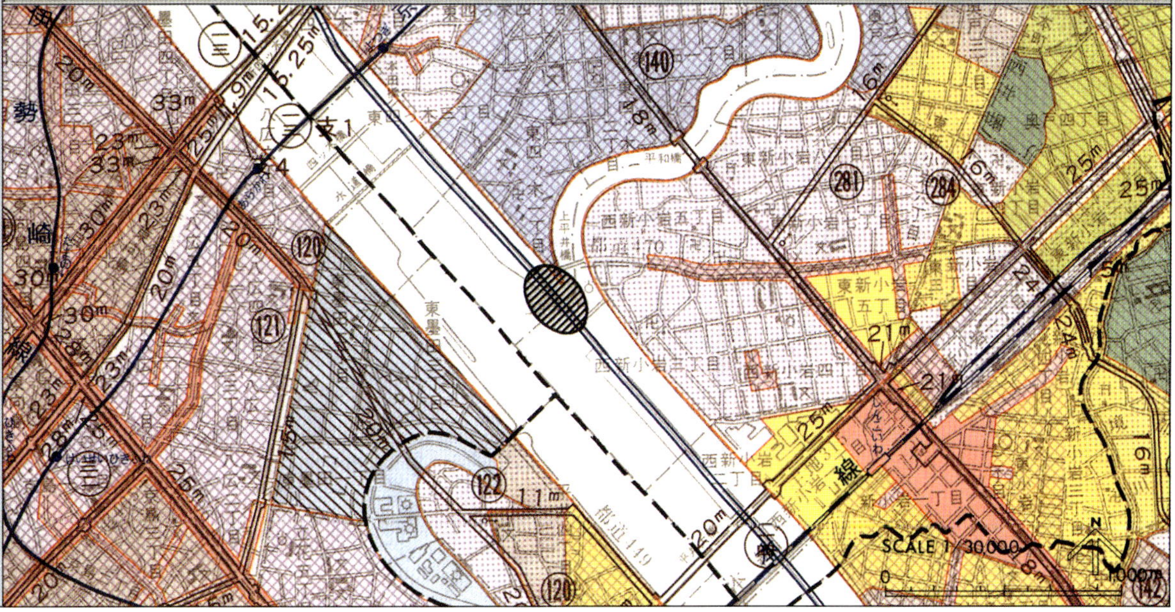

13.만취한 색채 칵테일

◎─특색
· 교량의 측면을 무지개 빛으로 비추어 활기있는 도심지라도 한눈에 띄는 랜드마크가 되고 있다.

◎─도시속의 입지조건
· 도심부를 남북으로 관통하는 **久屋大通公園**(통칭 100m도로라고 불리우는 **久屋大路**의 중앙분리대 부분이 공원으로 되어 있다)을 횡단하는 동서방향의 간선도로에 걸쳐있는 보도교이다.

◎─주변의 조명환경
· 교통량이 많은 도로이며 자동차의 빛이 대부분을 차지한다. 또 교량양단은 공원이기 때문에 조금 어둡지만 교량이 횡단하는 광폭원 도로변은 빌딩의 창에서 새어나는 백색계의 불빛이 눈에 띄고 있다.

◎─운용방법, 설치동기 등
· 1989년 개최된 국제디자인전을 겨냥한 도시경관정비의 일환으로 설치되었다.

◎ — 광원
할로겐 램프 85w×110
메탈 할라이드 램프 250w×6
형광 수은 램프 100w×58

기호	명 칭	내 용	수 량
A	난간외부조명용	할로겐램프 스포트라이트 85w (칼라필터 및 루버부착)	84
B	난간내부조명용	할로겐램프 스포트라이트 85w	26
C	상판하부조명용	400w 투광기	6
D	상판내부조명용	100w 스포트라이트(칼라필터 부착)	28

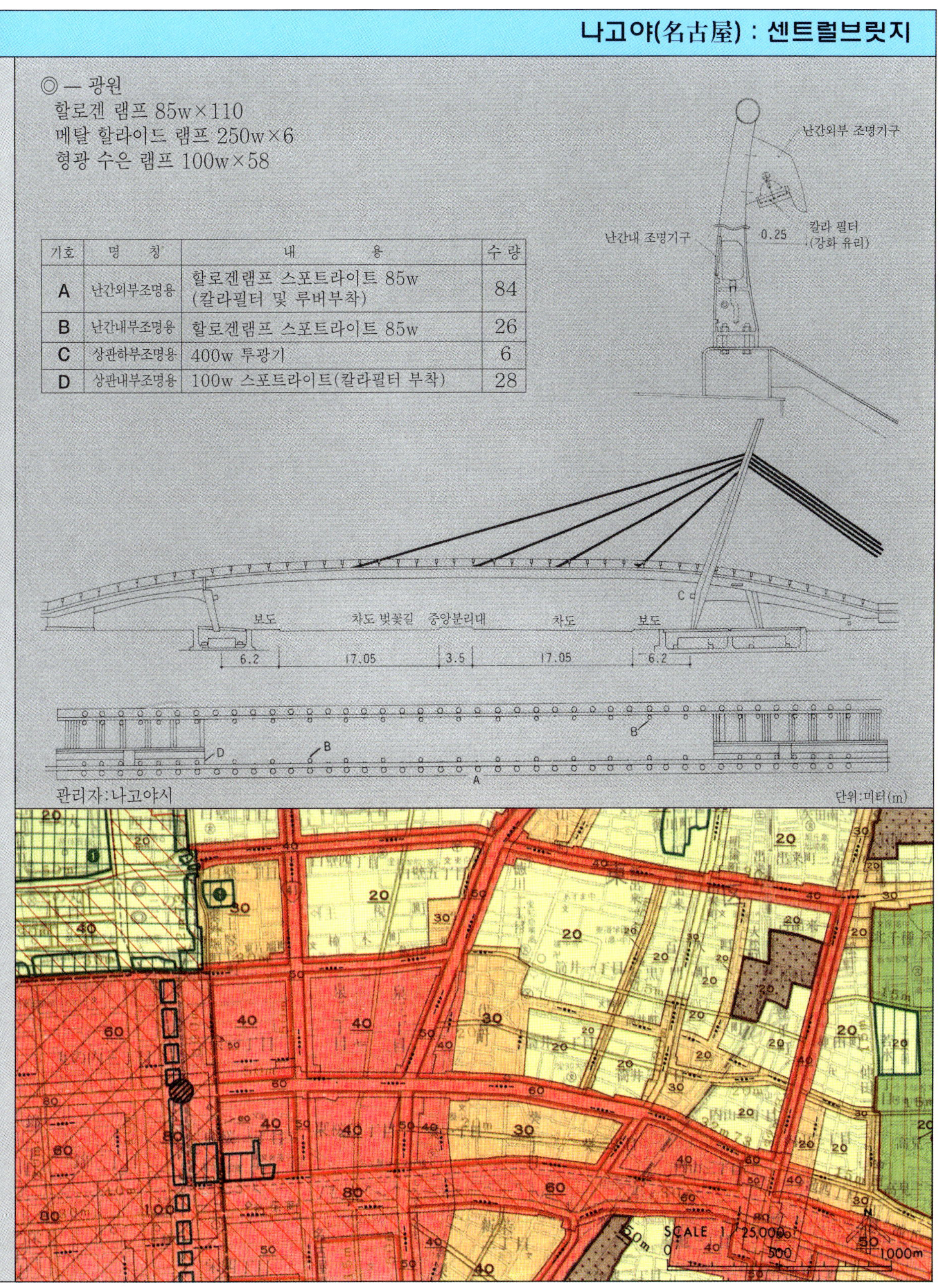

14.중심성을 강조하는 빛

◎ —특색
· 보차분리로 보행자의 안전한 유도를 도모함과 동시에 물과 녹지를 활용함으로서 이곳을 단순한 교통
  광장이 아닌 시민들의 휴식의 장으로 하고 있다. 광장형상의 기조가 된 원으로 조화를 이룬 조명기구
  형상, 고연색 광원의 사용과 함께 염해대책이 특색이다.

◎ —도시속의 입지조건
· 하마마쯔시(浜松市)의 현관으로서의 하마마쯔역(浜松驛) 북측입구 광장, 상업지에 위치한다.
· 약 19,000㎡의 부지중심에 16각형 버스터미널이 있고, 1일 평균 4800대의 버스가 발착하는 교통중심지이다.

◎ —주변의 조명환경
· 역전에서 메인스트리트가 뻗어가고 도로변은 상업지로 밝다.

◎ —운용방법, 설치동기 등
· 역전광장정비의 도시계획사업에서 하마마쯔(浜松)의 이미지형성으로서 현관입구의 정비가 추진되었다.

하마마쯔(浜松) : 하마마쯔 역전광장(浜松 驛前廣場)

◎ ― 설치수량

구 분	등 구	광 원	폭	수 량
도로 · 주차장	Ø600 원통형(SUS)	MF 700	6m알루미늄	2등용 5기 1등용 11기
버스터미널	형광등 자가 부착 (SUS)	FLR 110WH		110대
보도(아케이드)	형광등 코너 부착 (SUS)	FLR 40SW		229대
지하통로 및 광장	형광등 자가부착 및 매몰 (SUS)	FLR 110WH FLR40SW		50대 300대
	8각 스테인레스 브라켓 (전동승강장치부착)	MF400		32대
정 원	정육면체브라켓	BHF300w		2등용6기
	Ø300유백글라스	G95 100w	6m각알루미늄	22기
	Ø500유백글라스	HF250x	6m알루미늄	4등용6기 2등용4기

(주) 광원의 기호
MF : 메탈할라이드램프, FLR : 형광램프
BHF : 세루프 바라스토 형광수은램프
G95 : 95 백열전구(pole형), HF : 형광수은램프

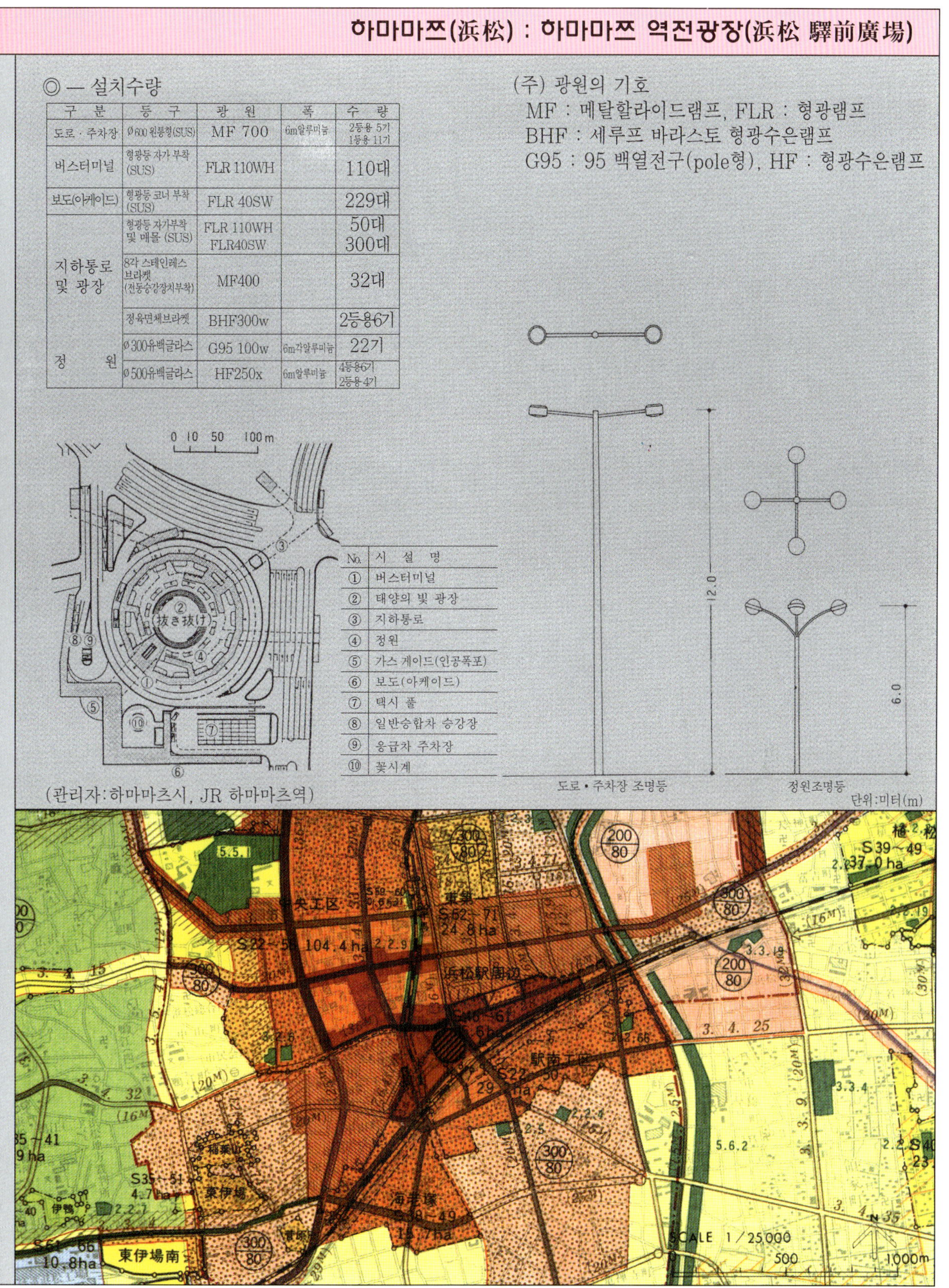

(관리자:하마마츠시, JR 하마마츠역)

15. 명암대비를 강조하는 빛

◎─ **특색**
· 하향조명으로 식재와 벽면을 비추고, 그 명암대비가 친밀감을 창출하고 있다.

◎─ **도시속의 입지조건**
· JR 요꼬하마역(橫浜驛)의 동쪽입구에 있는 다량의 자동차교통이 집중하는 도심교차점

◎─ **주변의 조명환경**
· 역과 고속도로 고가부에 끼어있는 도로로 고속도로의 도로 등 이외의 빛은 적다.

◎─ **운용방법, 설치동기 등**
· 요꼬하마역(橫浜驛) 동측입구 역전재개발사업(지상광장, 지하도, 지하교통광장 등의 정비)
  전체 경관계획의 일환으로 실시되었다.

요꼬하마(横浜) : 요꼬하마역 동측입구(横浜驛東口)

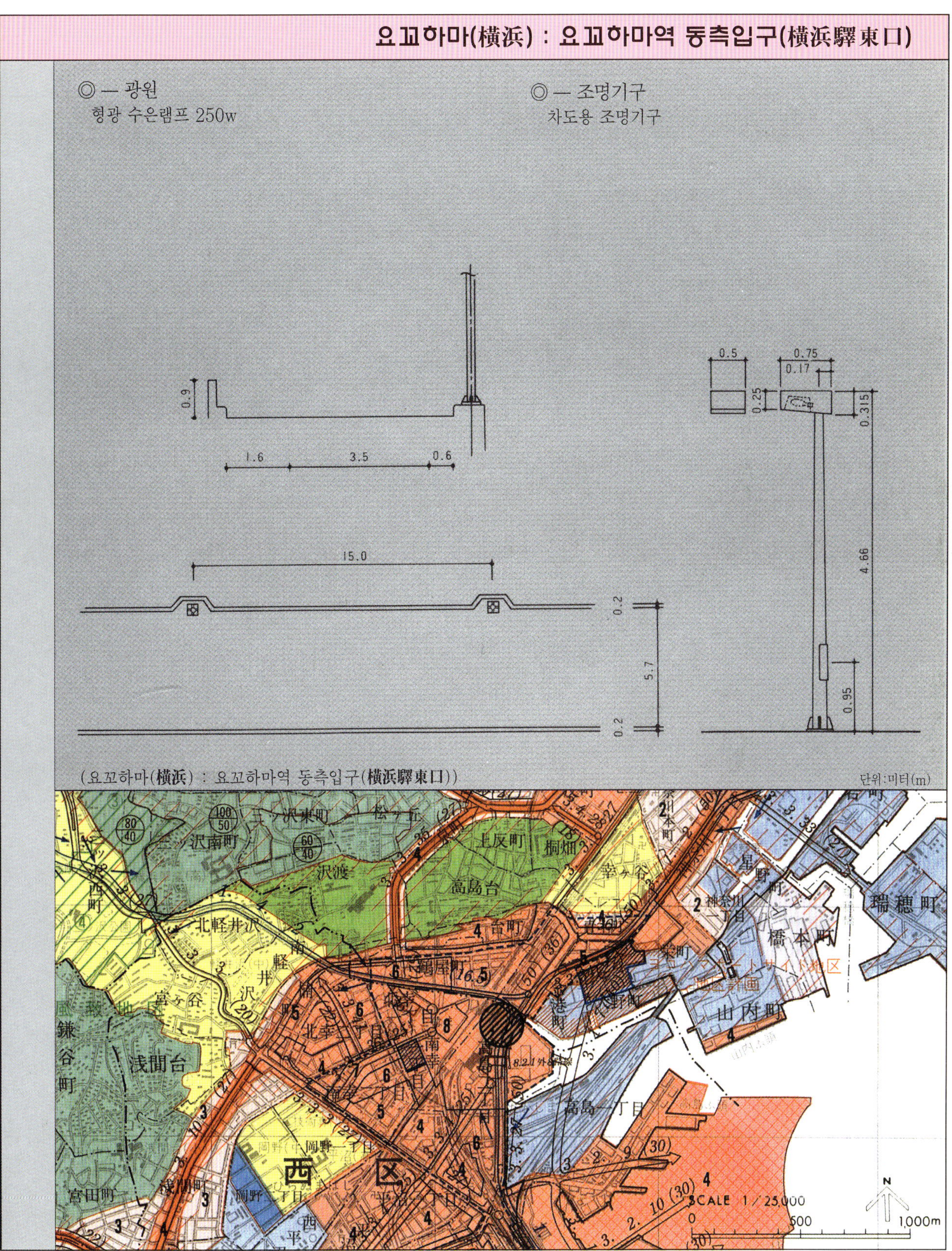

16.발밑으로 펼쳐지는 빛의 모자이크

◎一특색
· 데크 위의 역에서 각 방향으로 향하는 보행자 동선을 따라서 높이 약 5m의 가로등을 배치하고 데크 밑부분에 수납된 투광기로 유리블록(낮에는 데크 아래로의 자연채광 역할을 한다)을 통해 하늘의 강을 이미지하는 빛을 연출하고 있다. 게다가 따스한 맛이 있는 백열전구를 사용한 정원등이 액센트를 주고 있다.

◎一도시속의 입지조건
· 도까이도선(東海道線) JR 야스시로역(安城驛)은 시의 상업·업무의 중심지구에 있다.

◎一주변의 조명환경
· 상업지역에 있고, 비교적 밝다.

◎一운용방법, 설치동기 등
· 대규모 토지구획정리사업의 완공기념과 도시의 활성화를 위해 야스시로시(安城市)의 정면현관에 매력있는 시민 휴식의 장을 창조하는 목적으로 정비되었다.

야스시로(安城) : 야스시로 역전광장(安城驛前廣場)

◎ 광원

데크의 전반조명 : 메탈할라이드 램프 250w
데트 바닥면의 연출 : 메탈할라이드 램프 100w
정원등 : 백열전구 60w

◎ — 조명기구

· 데크의 전반조명
스텐레스 제 HID 250w×2 등용×6
폴 : 스테인레스제, 높이 약 5.8m
· 데크 바닥면의 연출(하늘의 하천)
HID 램프용 투광기(데크 하부 수납)
· 백열전구용 정원등×13

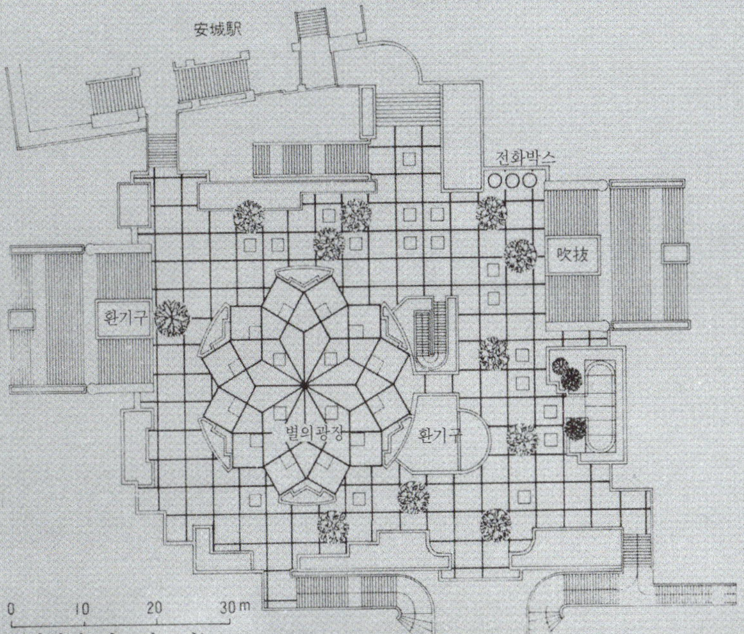

(관리자:야스시로시)

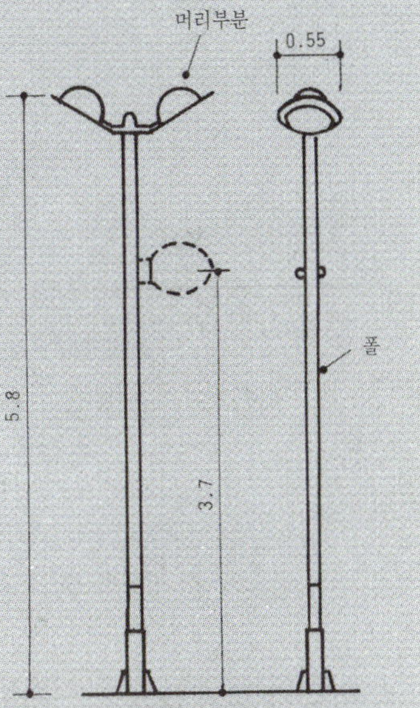

단위:미터(m)

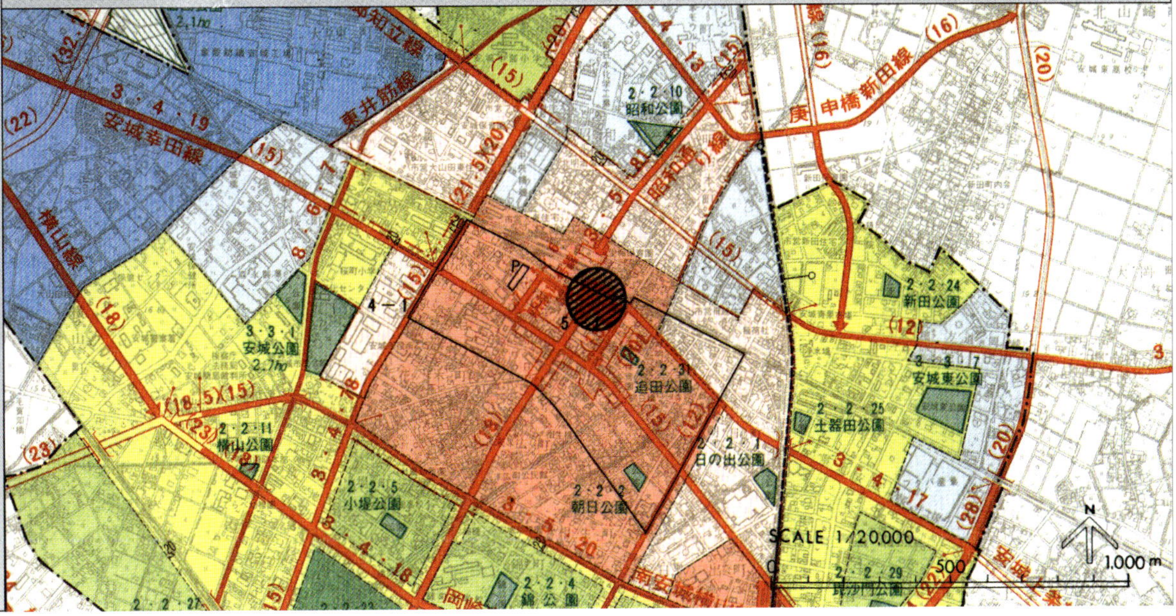

17.사람들을 유인하는 방향성이 있는 빛

◎―특색
· 땅 속에 매장된 원로변의 불빛이 벗꽃을 아름답게 부각시키며 보행자를 완만하게 인도하고 있다.

◎―도시속의 입지조건
· 도심부에 위치하는 후꾸오까성(福岡城) 지대의 공원

◎―주변의 조명환경
· 공원 내이며 비교적 어둡다. 또 원로의 기점은 후꾸오까성(福岡城) 돌담이 아름답게 라이트업 되고 있고,
  종점은 평화구장의 활기있는 불빛이 항상 비추고 있다.

◎―운용방법, 설치동기 등
· 활기있는 도시경관형성시책의 일환으로서 아시아태평양 박람회의 개최를 계기로 실시되었다.
· 원칙적으로 일몰 때부터 오후 10시까지 항상 조명되고 있다.

후꾸오까(福岡) : 舞鶴公園 園路

◎　광원
돌담등조명 : 메탈할라이드램프 250w
　　　　　　고연색형고압나트륨램프220w
수목조명 : 양구금(兩口金)메탈할라이드램프 70w

◎　조명기구
돌담등조명 : 둥근형 투광기
수목조명 : 지하매설형 투광기

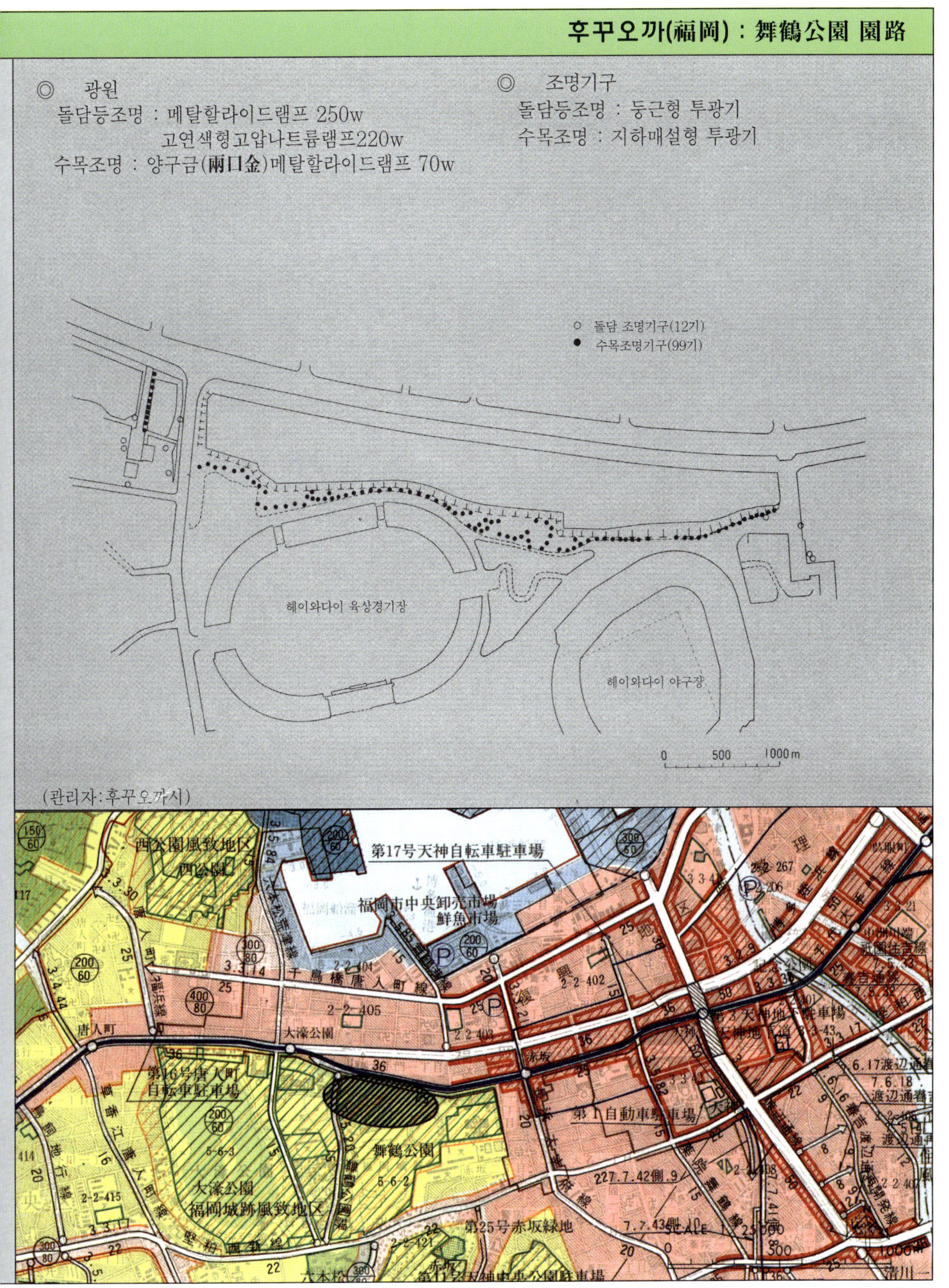

(관리자 : 후꾸오까시)

18.수면에 반사되는 빛

◎―특색
· 워터프론트 공원으로서 수변과 조화이룬 불빛이 아름답다.

◎―도시속의 입지조건
· 도심부와 비교적 가까운 워터프론트에 위치하는 공원

◎―주변의 조명환경
· 시가지에 가깝지만 전면이 바다이고 주변은 공공시설지구이기 때문에 어둡다.

◎―운용방법, 설치동기 등
· 시제 180주년을 기념해서 바다에 가까운 문화적이고 윤택함이 있는 공원으로서 개원. 물과 빛과 음의
  공원으로서 동향원사(東鄉元師)의 동상을 중심으로 원형 분수못을 설치하고 조명을 정비

· 점등시간 : 일몰부터 21시까지 (11월~3월은 20시)
  4월29일, 5월 3~5일에는 (三笠)공원 축제가 개최되어 기념함 (三笠)의 라이트업, 음악분수와 레이저
  광선이 연일 실시되고 있다.

요꼬즈카(横須賀) : 三笠公園

◎ ─ 광원
보도용 : 형광수은램프 400w

◎ ─ 조명기구
보도용 : HID 램프용 각형 유리글로브 부착기구

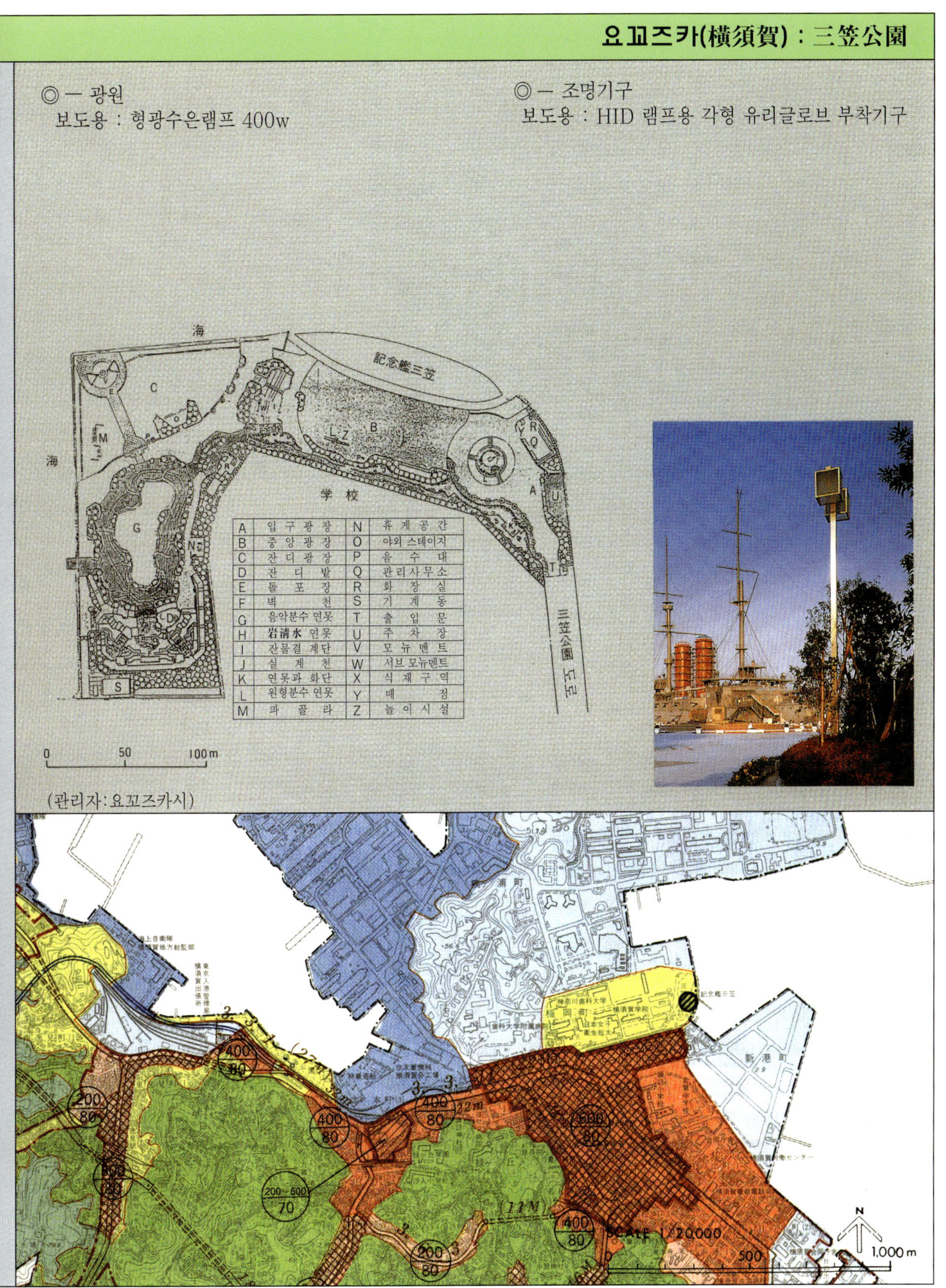

A	입구광장	N	유계공간
B	중앙광장	O	야외 스테이지
C	잔디광장	P	음 수 대
D	잔디밭	Q	관리사무소
E	돌 포 장	R	화 장 실
F	벽 천	S	기 계 동
G	음악분수 연못	T	출 입 문
H	岩淸水 연못	U	주 차 장
I	잔물결계단	V	모 뉴 멘트
J	실 계 천	W	서브모뉴멘트
K	연못과 화단	X	식 재 구 역
L	원형분수 연못	Y	매 점
M	파 골 라	Z	놀 이 시 설

0 50 100m

(관리자:요꼬즈카시)

19.밝고 개방적인 빛

◎─특색
· 균일하여 무미건조한 광장공간에 부드러운 음영을 규칙적으로 배치함으로써 확장감과 명도감이 연출되고 있다.

◎─도시 속의 입지조건
· 오오사까성(**大阪城**) 천수각과 오오사까성(**大阪城**) 공원역(오오사까 환상선)을 잇는 위치에 있다.
· 부도심(오오사까 비즈니스파크 O.B.P)와 역을 잇는 통로로서의 역할을 하고 있다.

◎─주변의 조명환경
· 사적 오오사까성(**大阪城**) 공원의 일부이며, 공원 조명의 밝기는 억제되어 설정되어 있고 조금 어둡다.멀리 초고층 빌딩의 불빛이 보인다.

◎─운용방법, 설치동기 등
· 부도심(O.B.P)에 근접한 오오사까성(**大阪城**) 홀과 역을 잇는 폭이 넓은 도로이며, 광장조명과 원로 조명을 겸하고 있다.

오오사까(大阪) : 오오사까성 공원(大阪城公園)

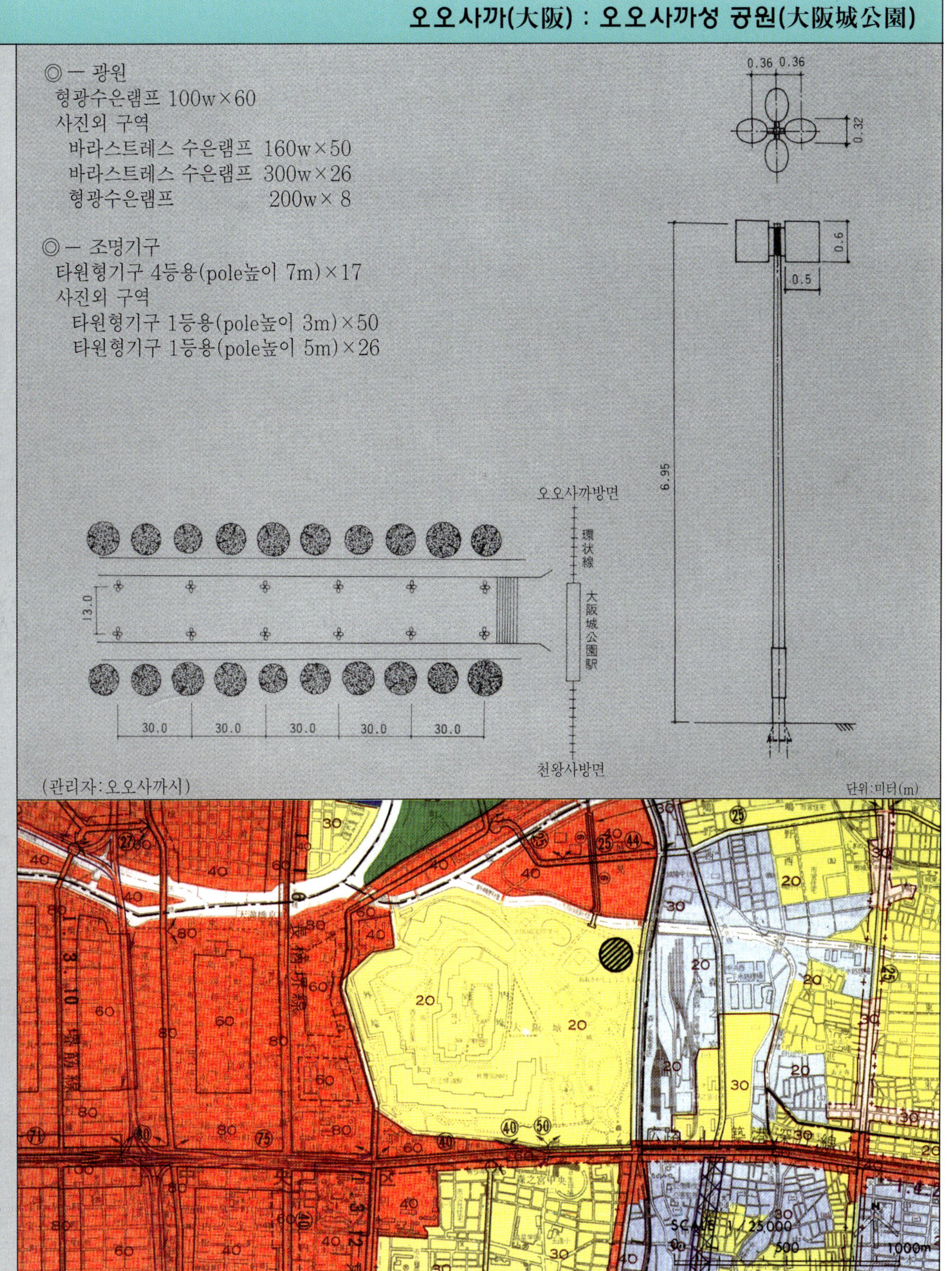

20.수목을 활용한 차분한 빛

◎―특색
· 수목지지를 겸한 조명기구로, 상하 양방향으로의 배광을 가지며, 광장노면의 조도를 확보함과 동시에, 수목의 푸르름을 선명하게 보여주고 있다.

◎―도시속의 입지조건
· 고층빌딩이 줄지어있는 신쥬꾸(新宿) 부도심의 업무지역에 있다. 업무용 빌딩과 맨션사이에 끼어있는 광장

◎―주변의 조명환경
· 빌딩의 내부조명이외에 조명설비는 없고 주변은 어둡다.

도쿄(東京) : 신쥬꾸 그린프라자(新宿 Green Plaza)

◎ ─ 광원
  양구금(兩口金)메탈할라이드램프 70w
    (지주1기당 2등)

◎ ─ 조명기구
  지주조합형 HID 램프용 조명기구
  · 본체 : 스테인레스
  · 커버 : 강화유리
  설치수량 : 2등용×16기

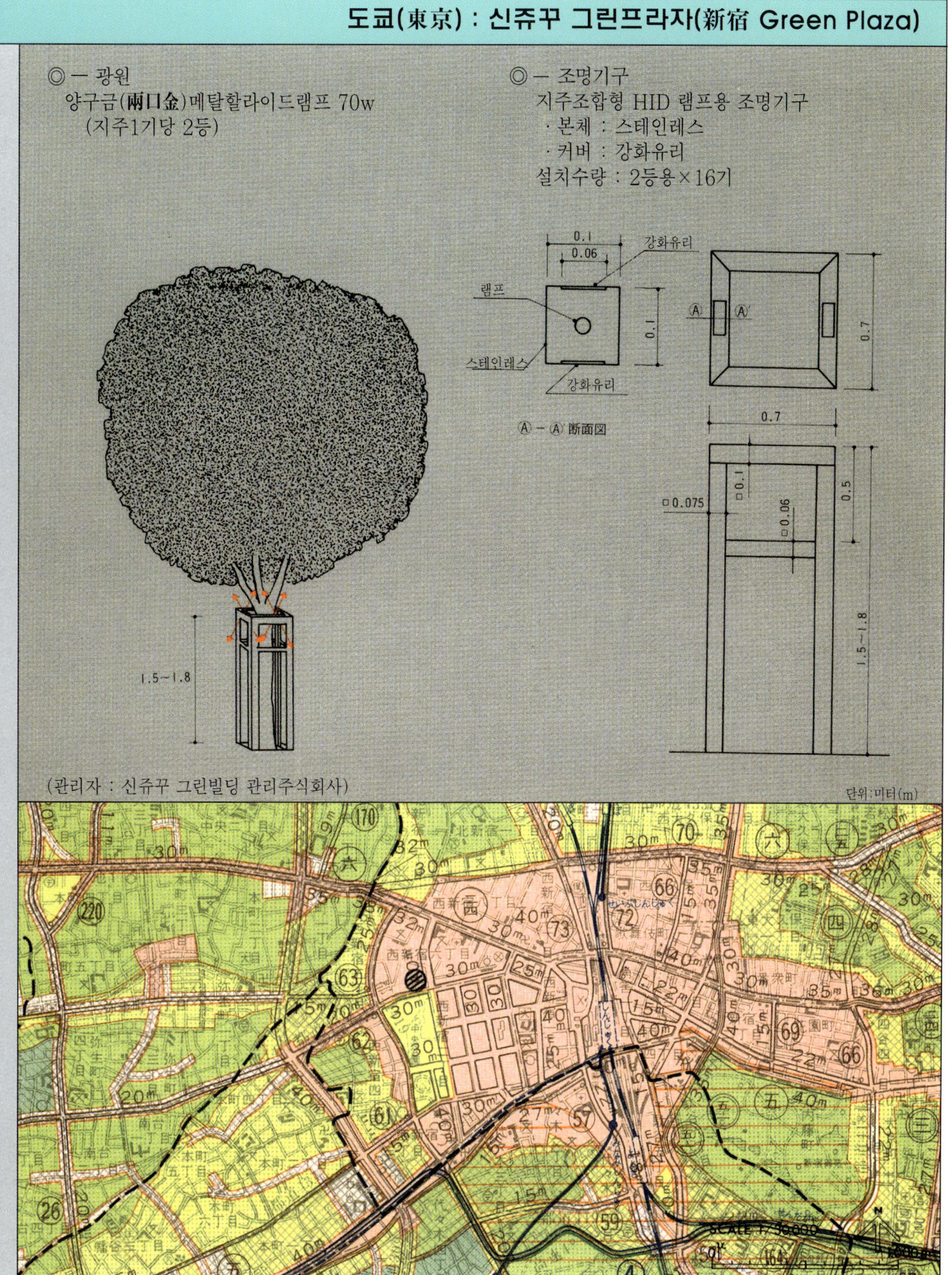

21.사람들을 모으는 빛

◎—특색
· 높은 곳에 설치된 전반조명기구(천정등)는 일반적인 자세로는 시야 내에 들어오지 않기 때문에 광원의
  존재를 느낄 수 없다. 산뜻한 백열등이 광장 전체를 적당한 조도로 균일하게 조명하고 있다. 이에 대해
  파고라에는 휘도를 억제한 난색계의 브라켓등이 비교적 낮은 위치에 설치되어 전체적으로 안정감있는
  공간이 되고 있다.

◎—도시속의 입지조건
· 록본기(六本木)에 거의 인접한 도신에 위치하지만 이 중정은 폐쇄된 공간이기 때문에 주변을 느낄 수 없다.
  고층 건축물로 폐쇄되었기 때문이다.

◎—주변의 조명환경
· 업무빌딩에서 새어나는 불빛이 있지만 전체적으로는 비교적 어둡다.

도쿄(東京) : 아크힐즈

◎ ― 광원
광장투광 : 메탈할라이트램프 1000w
천 정 등 : 메탈할라이트램프 250w
파고라 조명 : 백열전구 100w
◎ ― 조명기구
투광조명 : HID 램프용 각형투광기×5대
(루버부착, 스테인레스 케이스)
천 정 등 : HID 램프용 ?하 기구×36대
(전면 프로스트 유리, 스테인레스)
파고라조명 : 구형 글로브 블라켓등×28대
(Ø350, 프로스트 글래스)
0.48
Ø0.35
파고라조명
1.3
0.59
0.3
광장조명
천정등 36대
광장투광 5대
파고라 조명 28대
트러스 지붕의 윤곽
1.17~1.25
0.7
Ø0.5 천정등
광장
약 28
천정으로부착상태
약48
(관리자 : 모리빌딩관리주식회사)
단위:미터(m)
元赤坂
元赤坂二丁目
赤坂
SCALE 1/30,000
1,000m

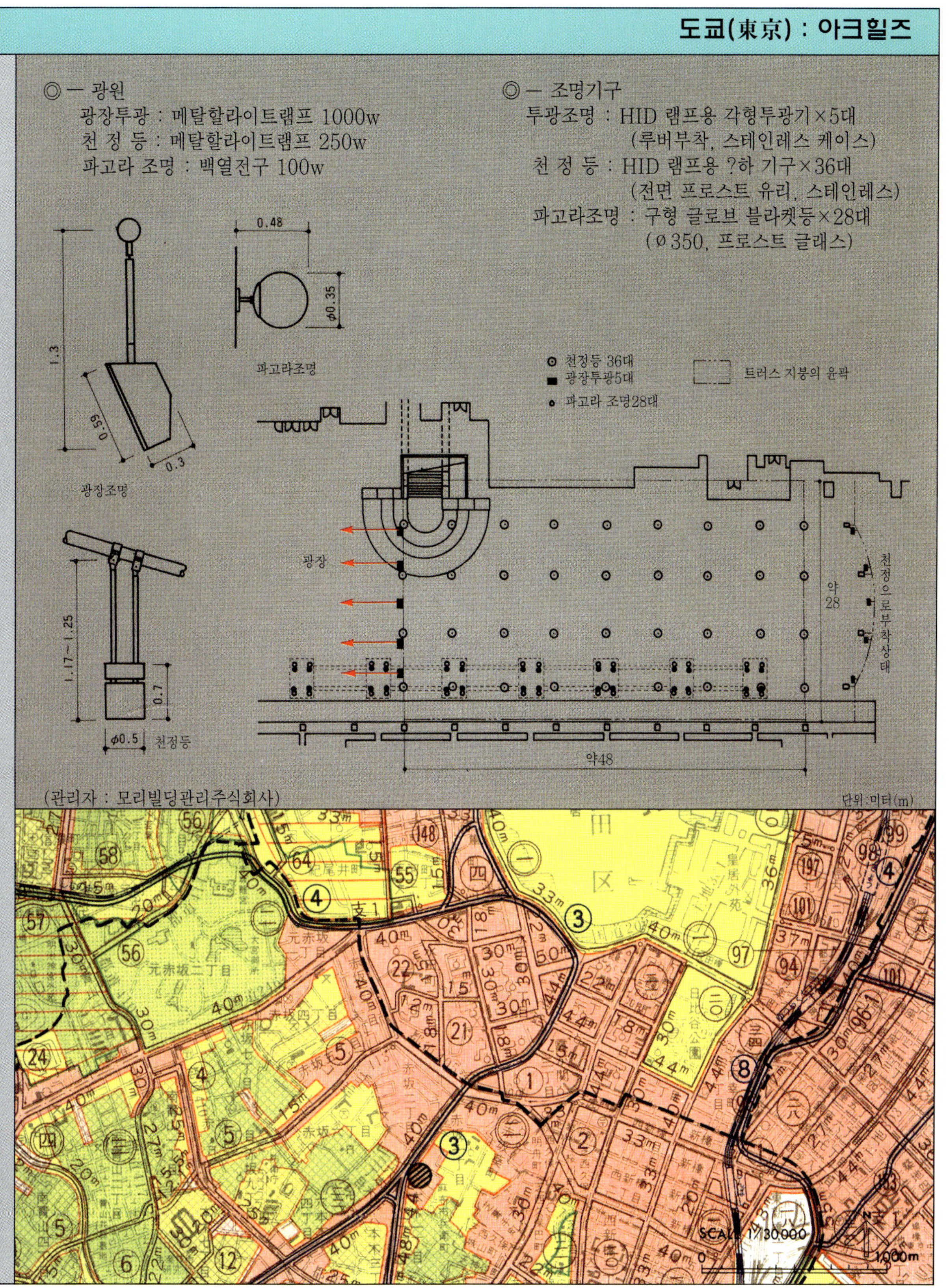

22.즐거움을 연주하는 빛

◎―**특색**
 · 도심상업빌딩의 한 코너에 설치된 광장에 다양한 방법으로 연출한 조명이 야간의 경계성을 풍요롭게
   연출하고 있다.

◎―**도시속의 입지조건**
 · 가나자와(金尺)의 도심상업지인 향림방(香林坊)에 위치한다.

◎―**주변의 조명환경**
 · 상업지이기 때문에 밝고, 광고물 등 다양한 불빛이 범람하고 있다.

◎―**운용방법, 설치동기 등**
 · 시가지 재개발 사업으로 통일적으로 정비되었다.

가나자와(金尺) : 향림방(香林坊) 재개발지구

◎ ─ 광원
보차도등 : 메탈할라이드 램프 250w
발밑등 : 형광램프 및 백열전구
태양의 모뉴멘트 : 백열전구
세라미드 모뉴멘트 : 광섬유
　　　　　　(광원: 백열전구)

◎ ─ 조명기구
보차도등 : HID램프 2등용 각형 글래스 글로브
　　　　　　pole높이 9.7m
광장내 : 발밑등 ─ 광장전역에 설치
　　　　태양의 모뉴멘트 ─ 빌딩벽면에 부착
　　　　세라미드형 모뉴멘트 ─ 광장중앙에 설치

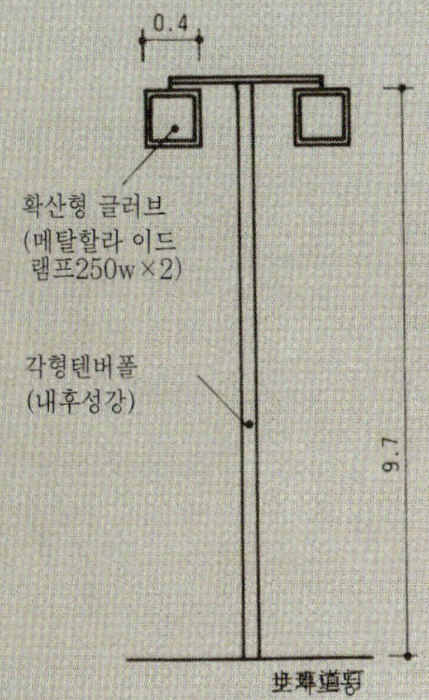

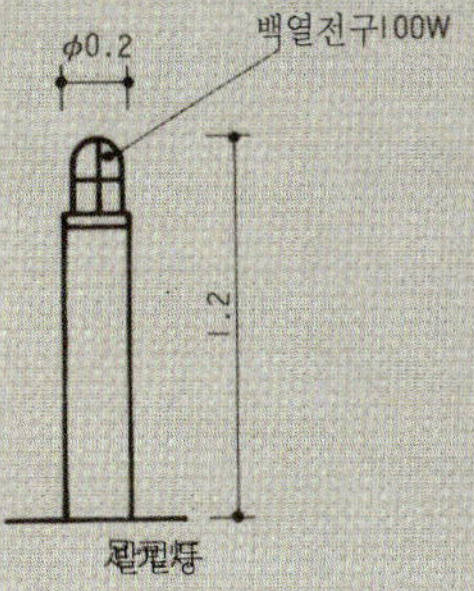

태양의 모뉴멘트

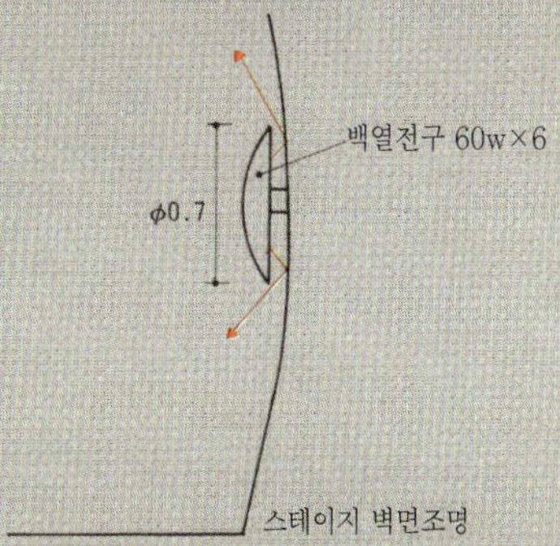

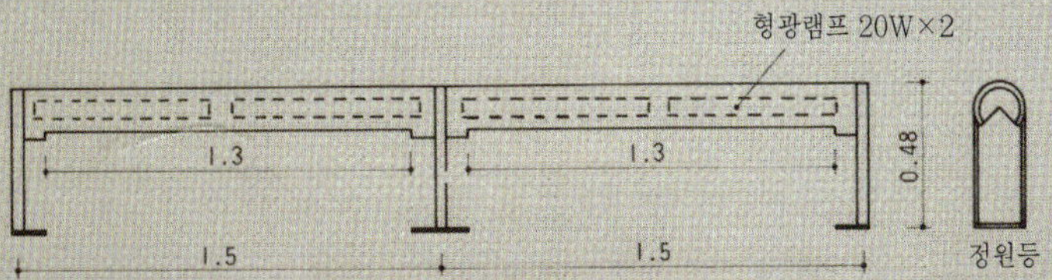

(관리자 : 가나자와 도시개발(주))

단위:미터(m)

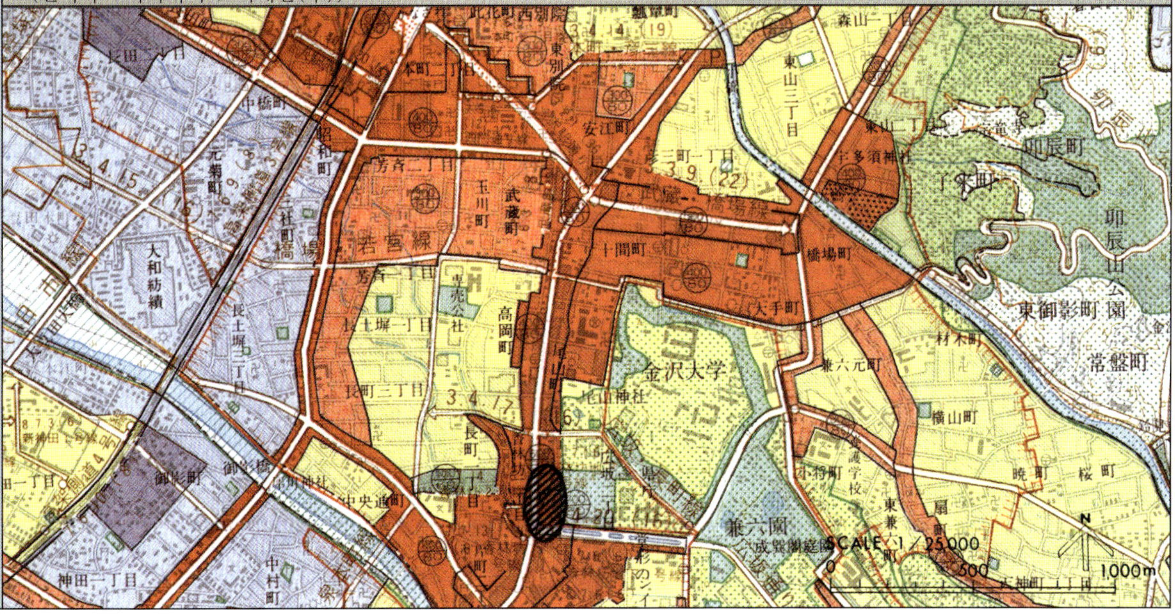

23.빛의 카페트

◎ ―특색
· 24시간 활동하는 국제문화도시. 21세기의 정보도시 물과 녹음과 역사로 둘러싸인 인간환경도시를
  목표로 하는 「미나토미라이21(MM21)」지구를 대표하는 공원이며, 야광충이 바닷속을 산책하는
  이미지를 연출하고 있다.

◎ ―도시속의 입지조건
· 「미나토미라이21(MM21)」지구는 도시부에 인접한 바다의 매립지를 포함한 180ha의 재개발지역이며,
  그랜드몰(Grand Mall)은 요꼬하마(横浜) 미술관의 동쪽정면에 접해있고, 장래는 업무지구의 중심에 위치한다.

◎ ―주변의 조명환경
· 장래는 24시간 도시의 업무지구가 되므로 주변 조도는 1.5Lux 정도로 설정되어 있다.

◎ ―운용방법, 설치동기 등
· 24시간 도시구상에서 심야에 사람들이 휴식할 수 있는 광장으로 자리 잡아 새로운 도시에 어울리는
  참신한 조명이 설치되었다.
· 일몰부터 심야 점등되고 있다.

요꼬하마(横浜) : 그랜드몰(Grand Mall)

◎ ─ 광원
　고휘도 발광다이오드(15개/1매)
　(태양전지로 충전되는 밀폐형 니켈
　카드뮴 축전지를 전원으로 하고 있다.

◎ ─ 조명기구
　중심광장에 1040장의 야광해 페이브를 부설
　야광 바다 페이브 형상 : 90cm×90cm×60cm

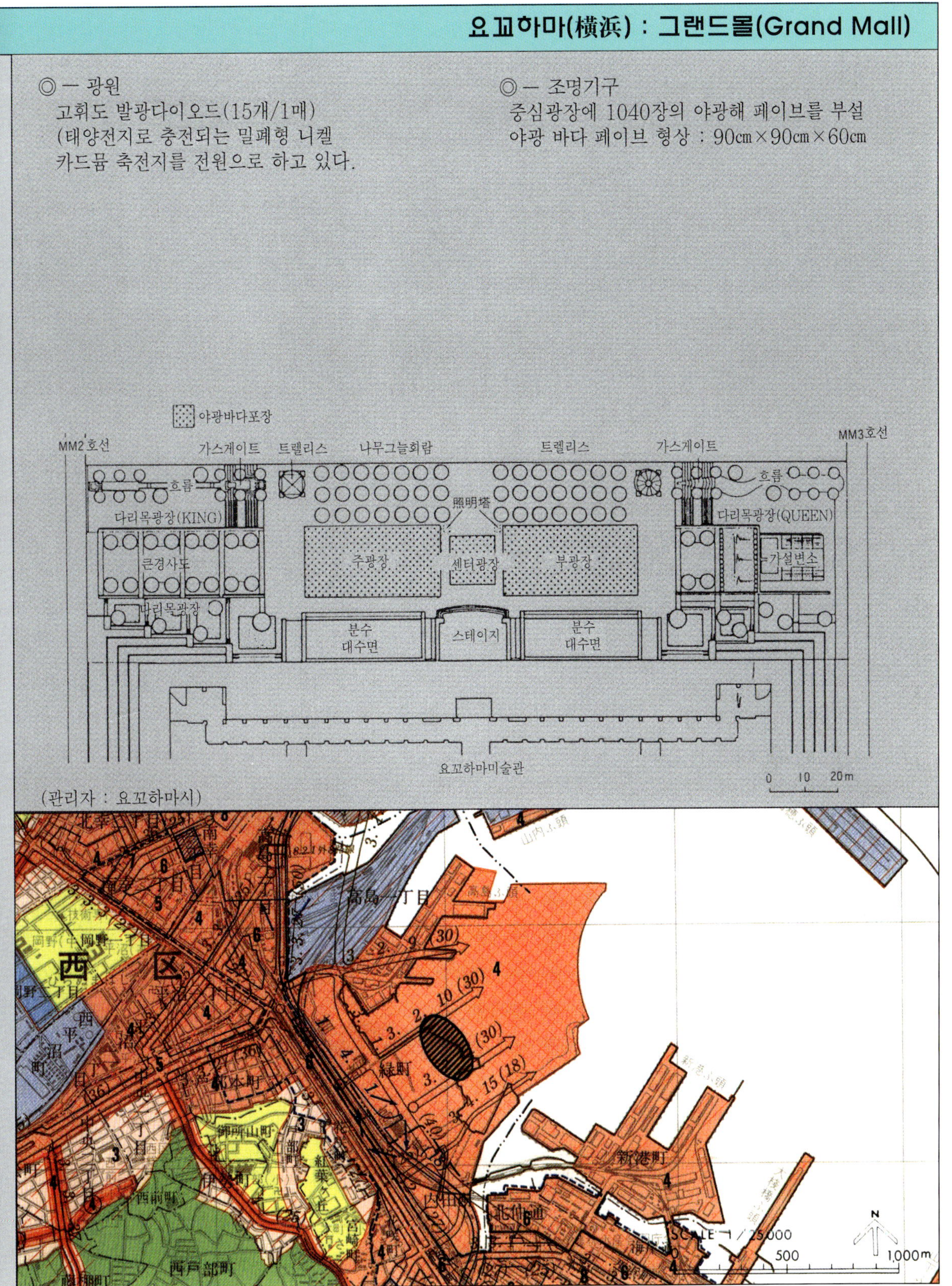

(관리자 : 요꼬하마시)

24. 白亞의 건물을 부각시키는 빛

◎—**특색**
· 백아건물을 고려하여 백색광의 메탈할라이드 램프가 사용되었다. 선명하게 부각된 우아한 풍취는 도시를 대표하는 건물로서 시민에게 사랑받고 있다.

◎—**도시속의 입지조건**
· 업무지구와 주거지구에 인접한 성관공원(구송산(久松山)기슭) 내에 있다.

◎—**주변의 조명환경**
· 공원 내에는 방범등이 설치되어 있지만 전체적으로는 어둡다. 상업지의 네온과 빌딩의 불빛 등은 일체 없다.

◎—**운용방법, 설치동기 등**
· 구송공원(久松公園)의 꽃구경(벗꽃)시기(4월,5월)에만 점등하고 있다.(19:00~21:00)

돗토리(鳥取)·인풍각(仁風閣)

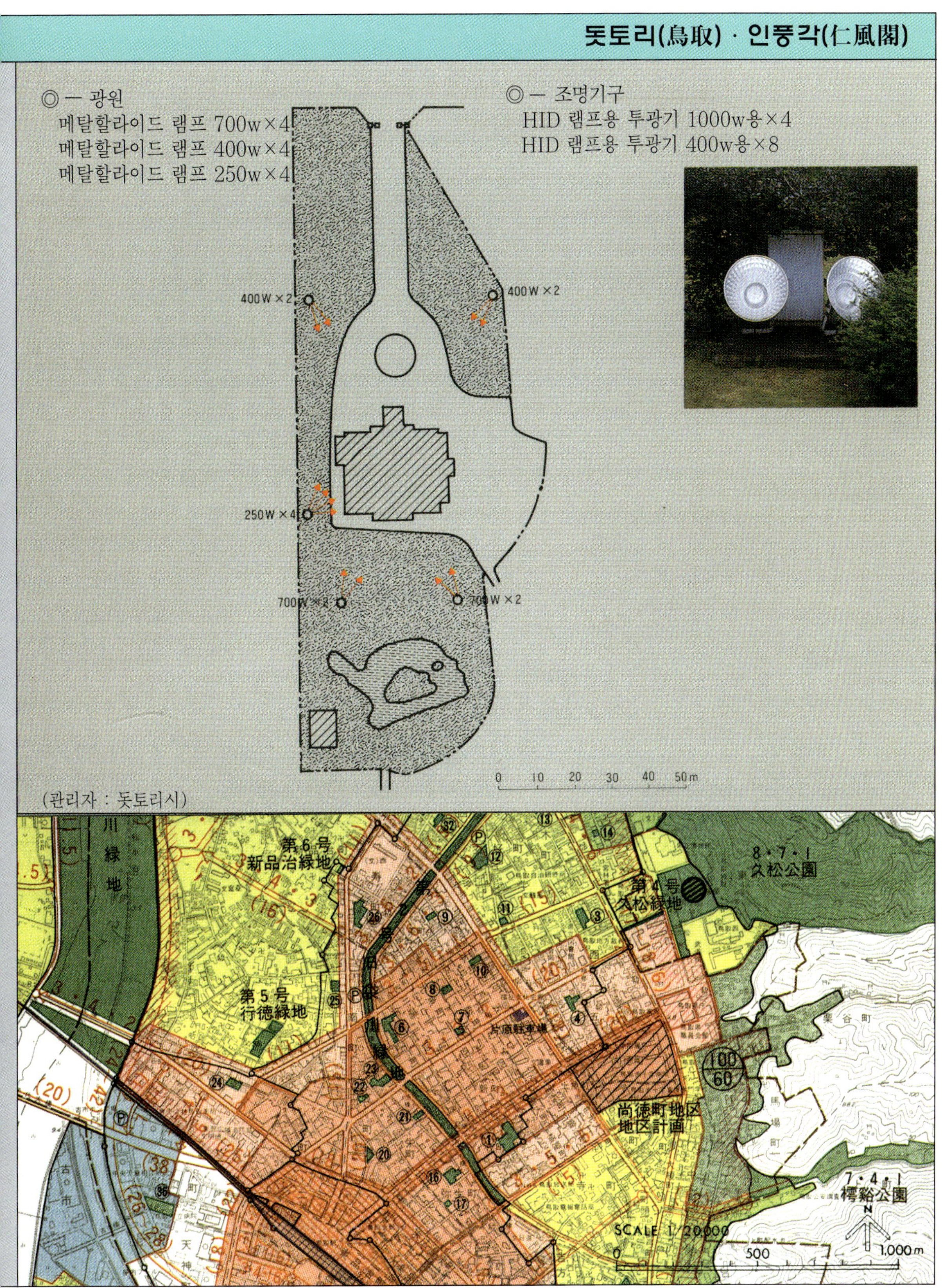

25. 적벽돌의 역사를 비추는 빛

◎ㅡ특색
· 메이지 중기에 건설된 도시역사를 대표하는 건물을 밝고 선명하게 부각시키는 조명은 시민에게 친숙해 있다.
  북2조 도로에서 아이스톱이 되고 있다.

◎ㅡ도시속의 입지조건
· 도심부 상업지역(용적율 600~800%)에 위치하고, 주변에는 업무빌딩 등이 많다. 건물은 도청부지인 수목이 무성한
  녹지의 중심에 있고, 주변 빌딩 등으로부터 독립되어 있다.

◎ㅡ주변의 조명환경
· 업무지구의 중심에 위치하고, 업무빌딩으로 둘러싸여 있고, 또 건물주변을 수목이 둘러싸고 있기 때문에 야간에는 꽤
  어두워진다. 빌딩에서 새는 빛은 형광등의 백색계가 주를 이룬다.

◎ㅡ운용방법, 설치동기 등
· 소화 60년 7월, 북해도의 상징으로서 건물 내의 도립문서관 개관과 함께 시작했다.
· 전정(前庭)활용은 하계 이벤트와 함께 시민들의 자랑거리이며 관광진흥에도 이바지 하고 있다.
· 하계(7월~9월)시는 매일 일몰서에 점등하고, 22시에 자동 소등한다. 이외의 기간에는 소등한다.

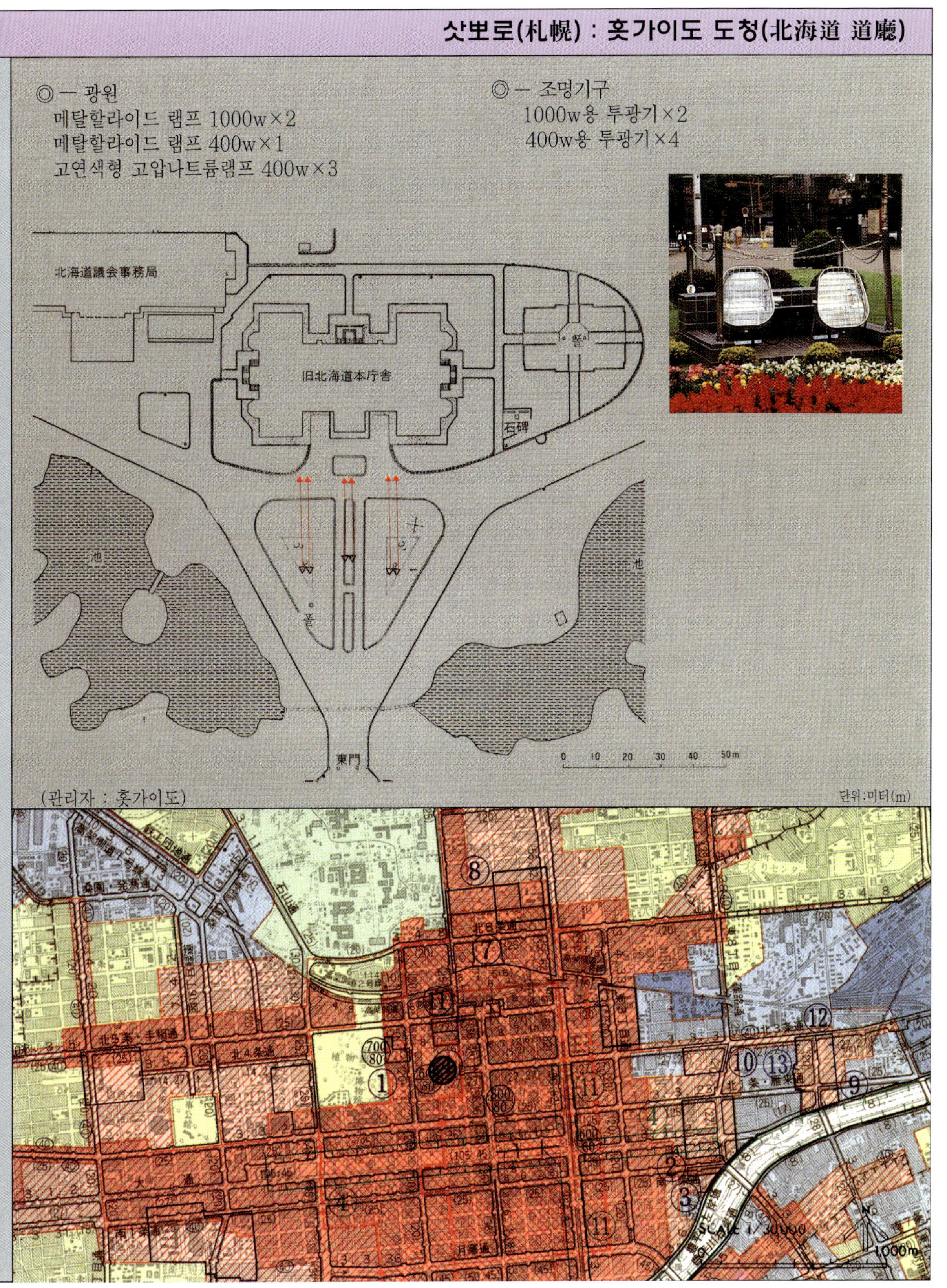

삿보로(札幌) : 홋가이도 도청(北海道 道廳)

◎ — 광원
메탈할라이드 램프 1000w×2
메탈할라이드 램프 400w×1
고연색형 고압나트륨램프 400w×3

◎ — 조명기구
1000w용 투광기×2
400w용 투광기×4

(관리자 : 홋가이도)　　단위:미터(m)

26.도시의 상징이 되는 성곽의 라이트업

◎―특색
· 라이트업으로 밤하늘에 부상하는 오오사까(**大阪**)의 상징으로 익히 알려져 있으며 랜드마크로서의 역할도 하고 있다.

◎―도시속의 입지조건
· 거의 오오사까시(**大阪市**)의 중심에 위치하고 있고, 주변은 웅장한 오오사까성(**大阪城**) 공원이다.

◎―주변의 조명환경
· 고층건물로 둘러싸여 있지만, 거의 넓은 공원의 중심에 위치하고 있고, 공원 등의 불빛 정도만이 있다.

◎―운용방법, 설치동기 등
· 오오사까성(**大阪城**) 천수각은 소화 6년에 오오사까 시민이 기부금을 모아 일본에서 처음으로 철근 콘크리트 조(5층 8계단, 엘리베이터 설치)로 부활되어 일본인에게 공개되었다. 이 오오사까(**大阪**)의 상징인 천수각 을 낮뿐 아니라 야간에도 볼 수 있도록 해 달라는 시민과 국내외 관광객들의 요구가 강하여, 소화 27년부터 투광기에 의한 야간조명을 실시하고 있다. (조명시간 : 일몰부터 22시까지)

오오사까(大阪) : 오오사까성(大阪城)

◎ ─ 광원
메탈할라이드 램프 1000w×32

◎ ─ 조명기구
협각배광 투광기 1개소당 8대 4개소 (총32대)

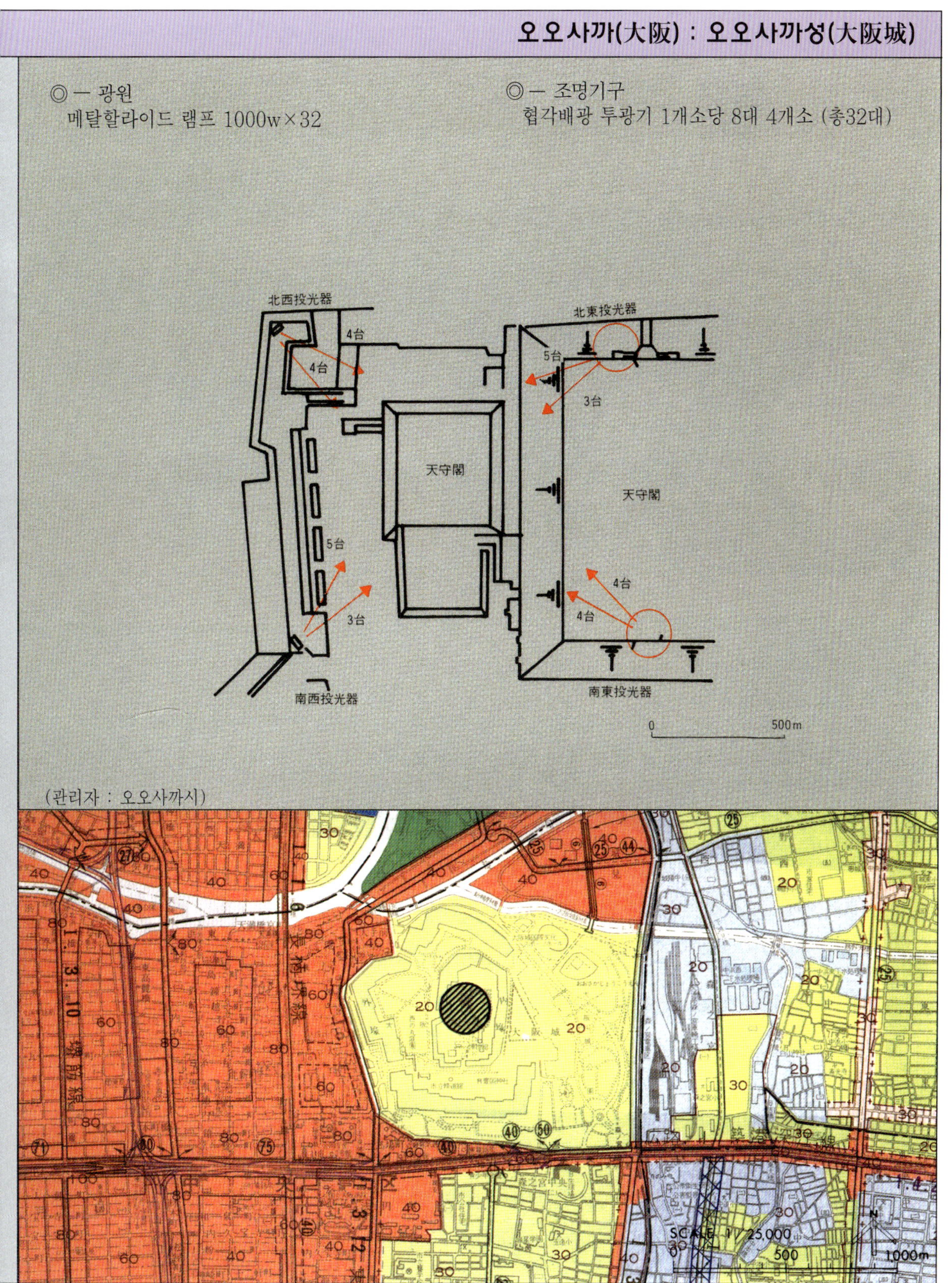

(관리자 : 오오사까시)

27.도시의 상징이 되는 타워의 라이트업

◎―특색
· 녹색전구로 타워의 윤곽을 나타내고 HID 램프를 사용한 투광 조명수법을 사용하여 탑체의 볼륨을 명확히 하고 그 위용을 표현하고 있다. 하계는 한색계, 동계는 난색계의 색광램프를 봄·가을에는 양자를 혼합해서 점등하고 계절감을 연출하고 있다.

◎―도시속의 입지조건
· 도심의 업무지이며, 잔디공원에 인접해 있다.
· 동경타워(東京 Tower)는 높이 333m로 도시 내의 명소에서 보이기 때문에 랜드마크로서의 의의는 크다.

◎―주변의 조명환경
· 도심은 비교적 어두운 쪽이다.
· 주위에는 높은 건물이 적고, 네온과 조명을 받는 광고탑(높은 곳에 있는 것)도 적다.

◎―운용방법, 설치동기 등
· 동경타워(東京 Tower) 설립 30주년 기념사업으로서 실시되었다.
· 점등시간 : 일몰부터 22시까지

동경(東京) : 동경타워(東京 Tower)

◎ — 광원
하계(7~9월) : 메탈할라이드램프 1000w×148
동계(11~3월) : 고압나트륨램프 940w×148
춘계(3~6월) : 메탈할라이드램프 1000w×94
추계(10~11월) : 고압나트륨램프 940w×54
통상 : 녹색전구　　20w×224
　　　　녹색전구　　60w×472

◎ — 조명기구
HID 램프용 투광기×148
반사형 전구용 램프 홀더×696

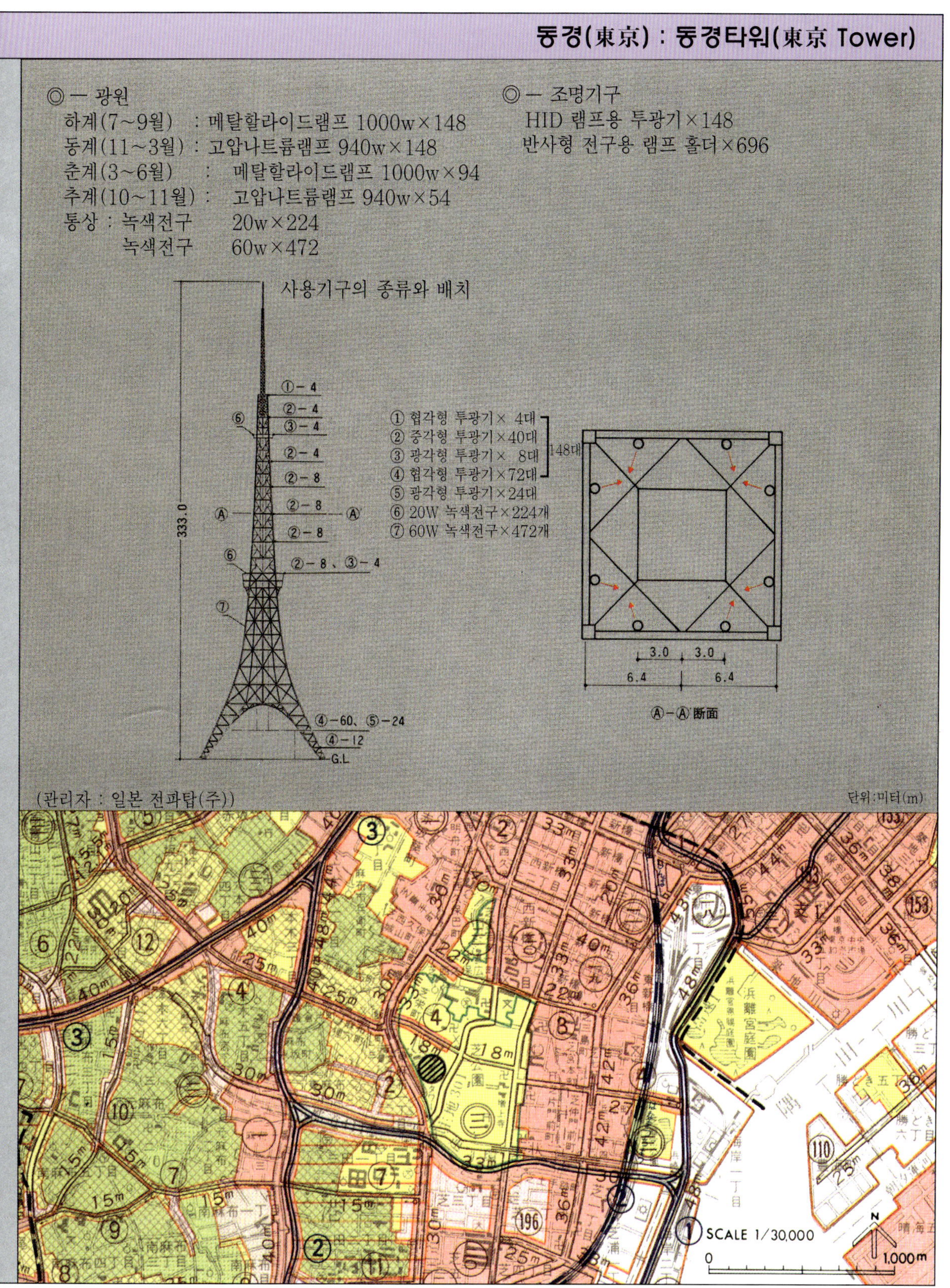

(관리자 : 일본 전파탑(주))　　　　　　　　　　　　　　　　단위:미터(m)

28.도시의 현관인 역사의 라이트업

◎—특색
· 지붕에는 메탈할라이드 램프의 백색광을, 벽면(벽돌)에는 할로겐램프의 난색광을, 큰 지붕의 창에는 형광 램프에 의한 액센트 조명을 실시하고 있다. 소재에 적합한 광원을 사용하고 비교적 균제도(**均齊度**)가 높은 조명 중에 날카로운 액센트를 주는 등, 안정감 속에 리듬감이 있는 조명이 되고 있다.

◎—도시속의 입지조건
· 일본을 대표하는 도시의 현관이며, 정면인 서쪽은 업무가이다.

◎—주변의 조명환경
· 정면은 업무지구이며, 도로도 넓기 때문에 그다지 밝지 않지만 건물 배후에는 상업지구 창의 불빛과 네온, 광고탑이 보인다.

◎—운용방법, 설치동기 등
· 국철 민영화에 따른 「신생JR」의 밝은 미래를 상징하는 것으로 실시되었다.
· 점등시간 : 일몰부터 21시까지

동경(東京) : 동경역(東京驛)

◎ ─ 광원

기호	투광장소	기구설치장소	광원과 기구
Ⓐ	넓은 지붕	지붕	메탈할라이드램프 M400 中角配光
Ⓑ	넓은 지붕-창	창내부	형광등 27W
Ⓒ	낮은 탑	차양 위	메탈할라이드램프 M250 挾角配光
Ⓓ	벽면	차양 위	할로겐램프 JD500W 廣角
Ⓔ	벽면 중앙부	지상식재 내	할로겐램프 JD500W 中角配光
Ⓕ	니치벽면	차양 벽측 중앙부 발코니-벽측 차양 창측	할로겐램프 JD500W 中角配光
	벽면	차양 창측	할로겐램프 JD500W 中角配光

기호	투광장소	기구설치장소	광원과 기구
Ⓖ	니치 천정	발코니 벽측	메탈할라이드램프 M250 挾角配光
Ⓗ	중앙부	지상식재 내	메탈할라이드램프 M250 挾角配光
Ⓘ	중앙부발코니	바닥 위	메탈할라이드램프 M250 廣角配光
	넓은 지붕	지붕 시계 위	메탈할라이드램프 M250 廣角配光
Ⓙ	중앙부 현관 내부	지상 바닥	메탈할라이드램프 M250 廣角配光
Ⓚ	석비	지상식재 내	할로겐램프 JD150W 廣角配光

(주)니치 : 서양건축에서 벽면의 일부를 반원모양으로 파낸 부분을 가리킴.

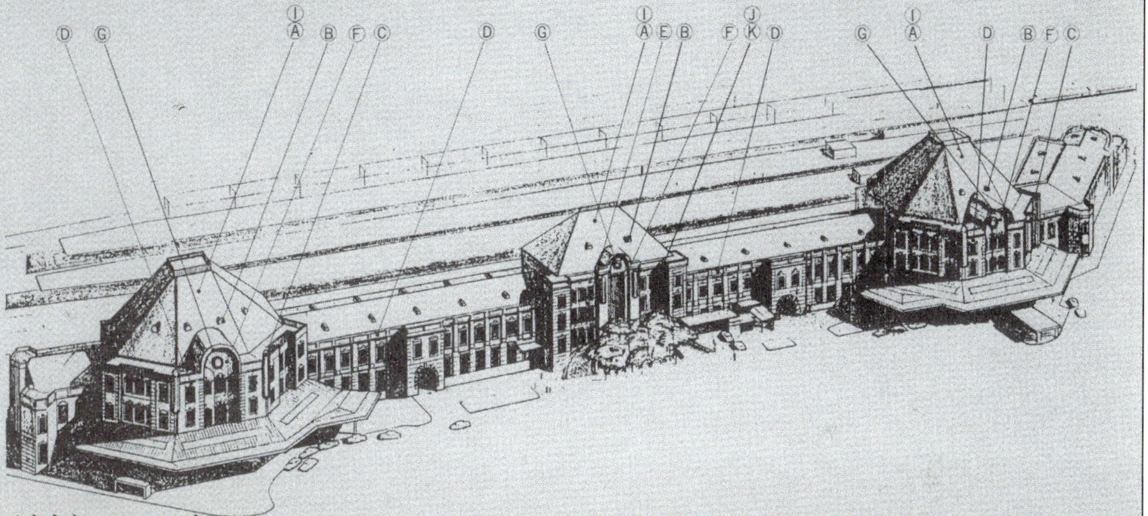

(관리자 : JR 토쿄역 (주))

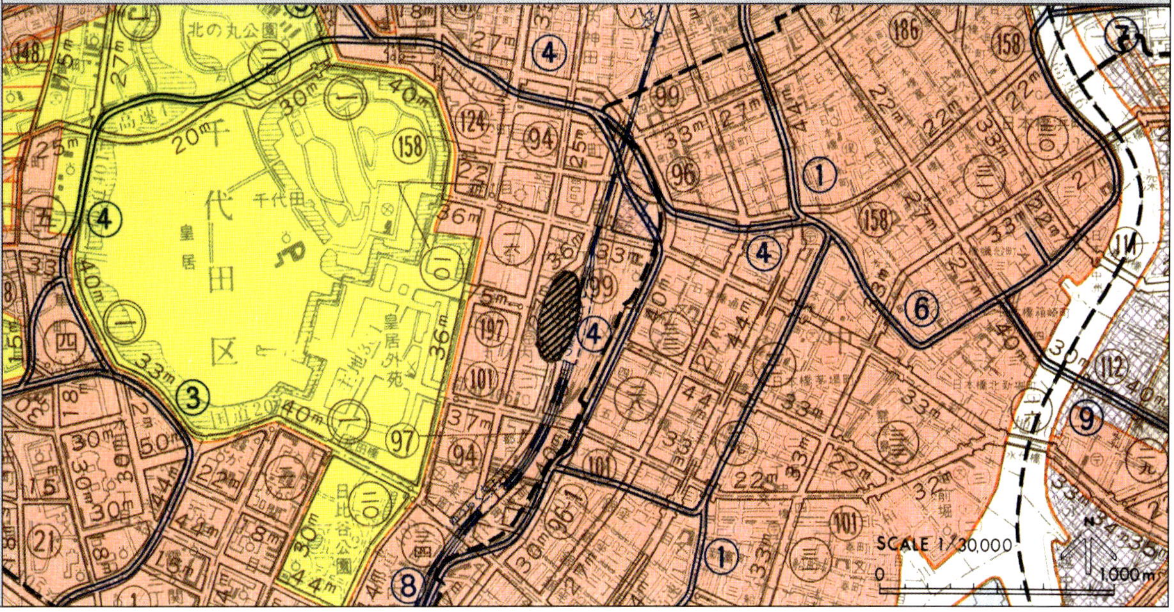

29.도시의 문화를 어필하는 라이트업

◎─특색
· 라이트업 되는 피조명면의 색에 따라 광원의 색을 다르게 사용하고 있다. 중앙·흰벽에는 메탈할라이드 램프의 백색광을, 양측면의 벽돌벽에는 고압 나트륨램프의 난색광을 투광.

◎─도시속의 입지조건
· 도심에서 약간 떨어져 있으며, 녹음으로 둘러싸인 구릉의 「항구가 보이는 공원」내에 위치한다.

◎─주변의 조명환경
· 공원 내이며, 어둡고 라이트업이 강조되고 있다. 항구의 불빛과 항구를 전망하는 파고라의 불빛이 조화를 이루고 있다.

◎─운용방법, 설치동기 등
· 요꼬하마(橫浜)를 사랑한 일본을 대표하는 작가 대불차랑(大 次郎)를 기념해서 세워졌다.
· 점등시간 : 일몰부터 21시까지

요꼬하마(橫浜) : 대불차랑 기념관(大佛次郎記念館)

◎ — 광원
　반사형 메탈할라이드 램프 400w×2
　반사형 고압 나트륨 램프 360w×2

◎ — 조명기구
　HID 램프용 조명기구×4

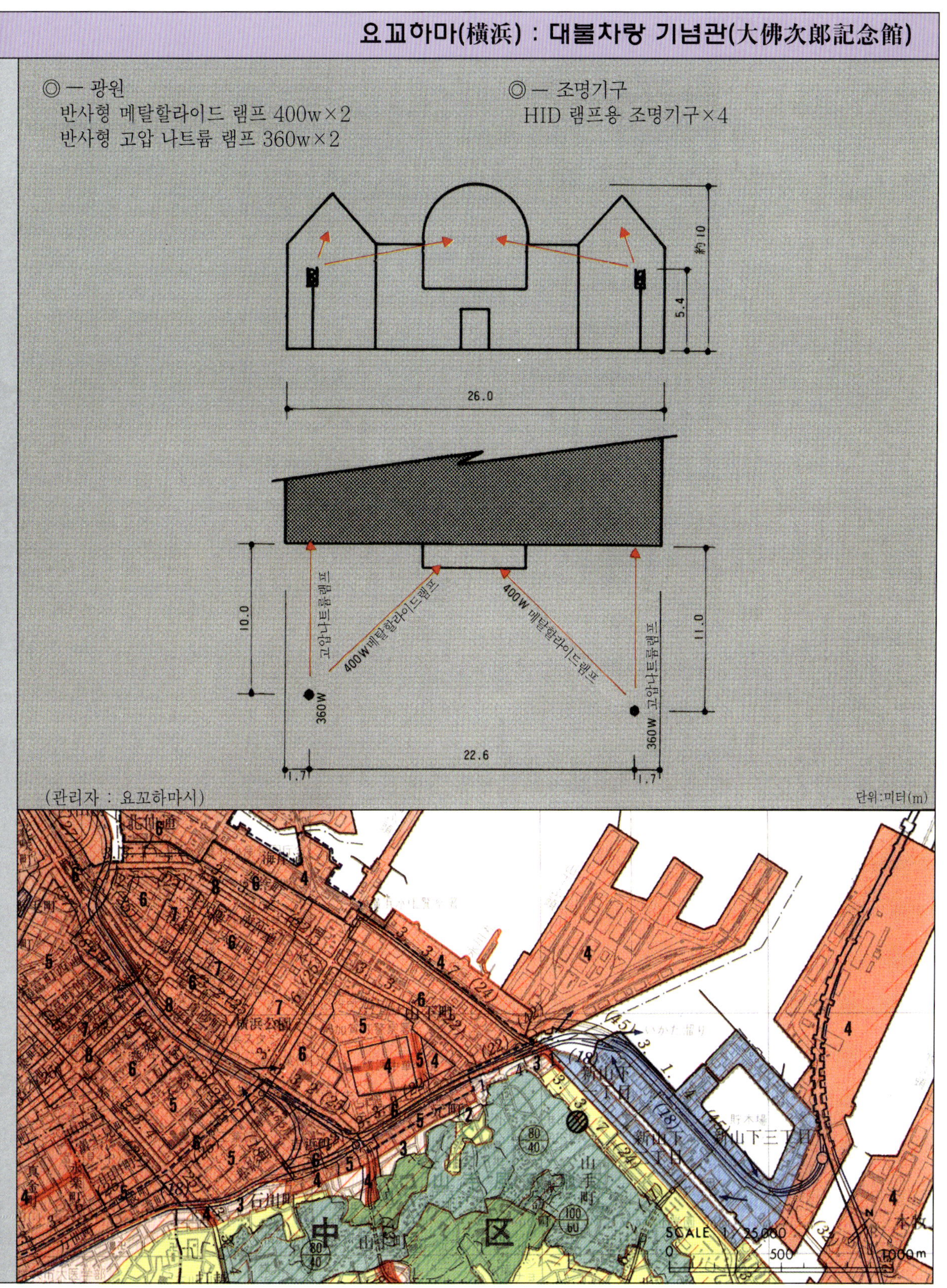

(관리자 : 요꼬하마시)　　　　　　　　　　　　　　　　단위:미터(m)

30.근대와 현대가 조화를 이룬 건축물의 라이트업

◎─특색
· 관동대지진(關東大地震)에서 남겨진 귀중한 근대 건축물의 외벽을 복원보존공법으로 새로운 기능을 부가해서 소생시켰다. 근대 건축과 현대건축의 양면성이 라이트업으로 연출되어 효과를 창출하고 있다.

◎─도시 속의 입지조건
· 도시중심의 역사적인 상업 · 업무지구에 위치한다.

◎─주변의 조명환경
· 인접해있는 가나가와(神奈川) 현립박물관(국가중요문화재)도 라이트업 되고 있고, 석조외벽이 야간 가로경관을 한층 강조시키고 있다. 또 고풍스런 가로등 등도 역사적인 상점가의 분위기 조성에 일익을 담당하고 있다.

◎─운용방법, 설치동기 등
· 도로정비와 건축유도를 중심으로 하는 매력있는 가로경관을 조성하고, 인접하는 현립박물관의 라이트업을 실시하던 중에 외벽 보존을 시행한 소유자에 의해 실시되었다.
· 점등시간 : 하계(16:30~24:00), 동계(18:00~24:00)

요꼬하마(横浜) : 일본화재 요꼬하마 빌딩(日本火災 横浜 BD)

◎ ― 광원
반사형 전구	100w×17
할로겐 전구	500w×4
형광램프	40w×24
고연색형 고압 나트륨 램프	150w×2
실드빔형 전구	75w×4

◎ ― 조명기구
지중매립형 투광기	×7
할로겐 전구용 투광기	×4
형광램프 1등용 편반사립 부착기구	×24 (창의 간접조명)
HID 램프용 투광기	×2
옥외용 스포트라이트 기구	×4

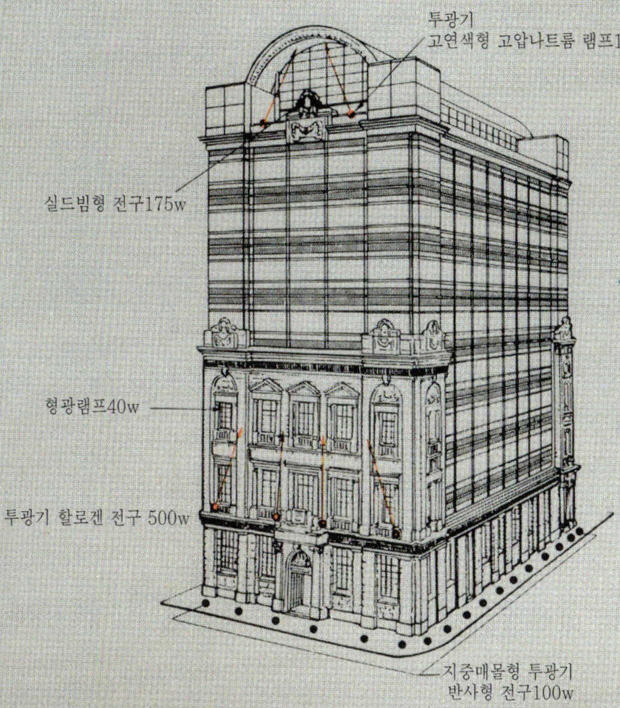

(관리자 : 일본화재해상보험(주))

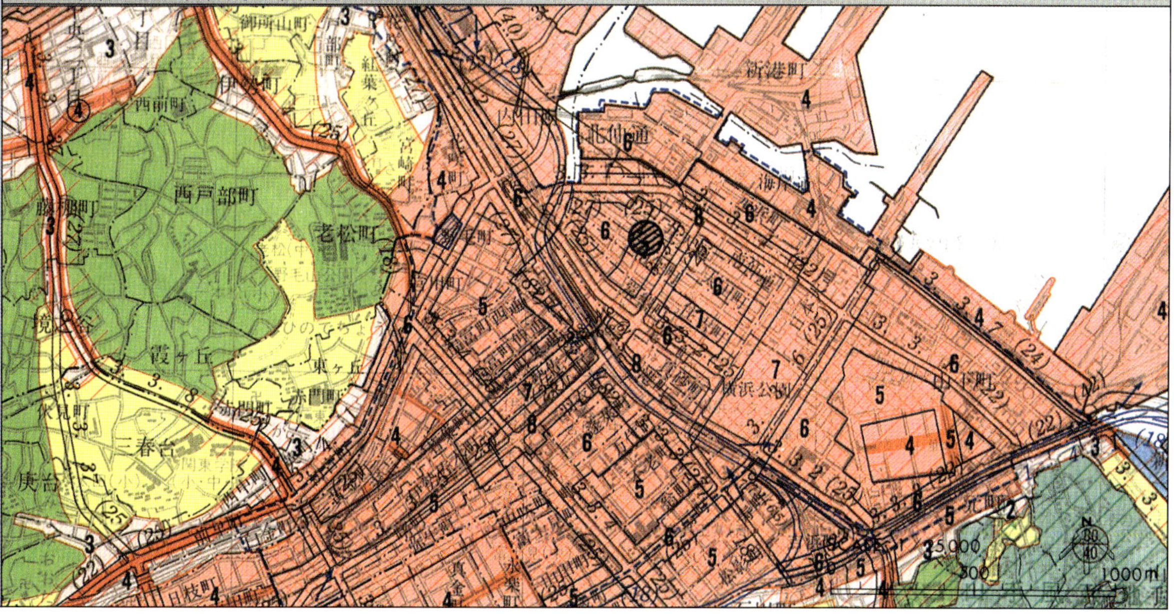

31.기능미를 발휘하는 빛

◎─특색
· 계단형 소화탱크는 특이하고 애교있는 외관을 갖는 거대한 계란형 구조물이며, 계절감을 연출하는 라이트업은 항구 요꼬하마(橫浜)의 야경을 장식하고 있다.

◎─도시속의 입지조건
· 요꼬하마(橫浜)의 수면선의 임해공업지역 내에 위치해 있고, 유람선의 관광루트, 수도고속도로(요꼬와센 (橫羽線), 완강센(灣岸線))에서 가깝다.

◎─주변의 조명환경
· 공업지역이기 때문에 작업과 보안을 위한 빛이 점재하는 정도이다. 라이트업의 투광색이 다른 야경색과 다르기 때문에 밤하늘로 떠오른다.

◎─운용방법, 설치동기 등
· 일본에서 최대급의 총용량(68wm³/3 12조)을 갖는 계란형 소화탱크를 시민 PR을 위해 라이트업 하게 되었다.
· 조명제어반으로 4색중 2색을 조합해서 불빛의 색을 바꾸어 점등할 수 있다. 하계는 매일, 동계는 토요일만 일몰 후 점등해서 21시 30분에 소등한다.

요꼬하마(橫浜) : 북부오염처리센터(北部汚泥處理 Center)

◎ ─ 광원
메탈할라이드램프 1000w (백색)×12
메탈할라이드램프 1000w (백색·적색필터 부착)×12
메탈할라이드램프 1000w (녹색)×12
메탈할라이드램프 1000w (청색)×12

◎ ─ 조명기구
메탈할라이드램프용 내염해형 투광기 2등/조×24조

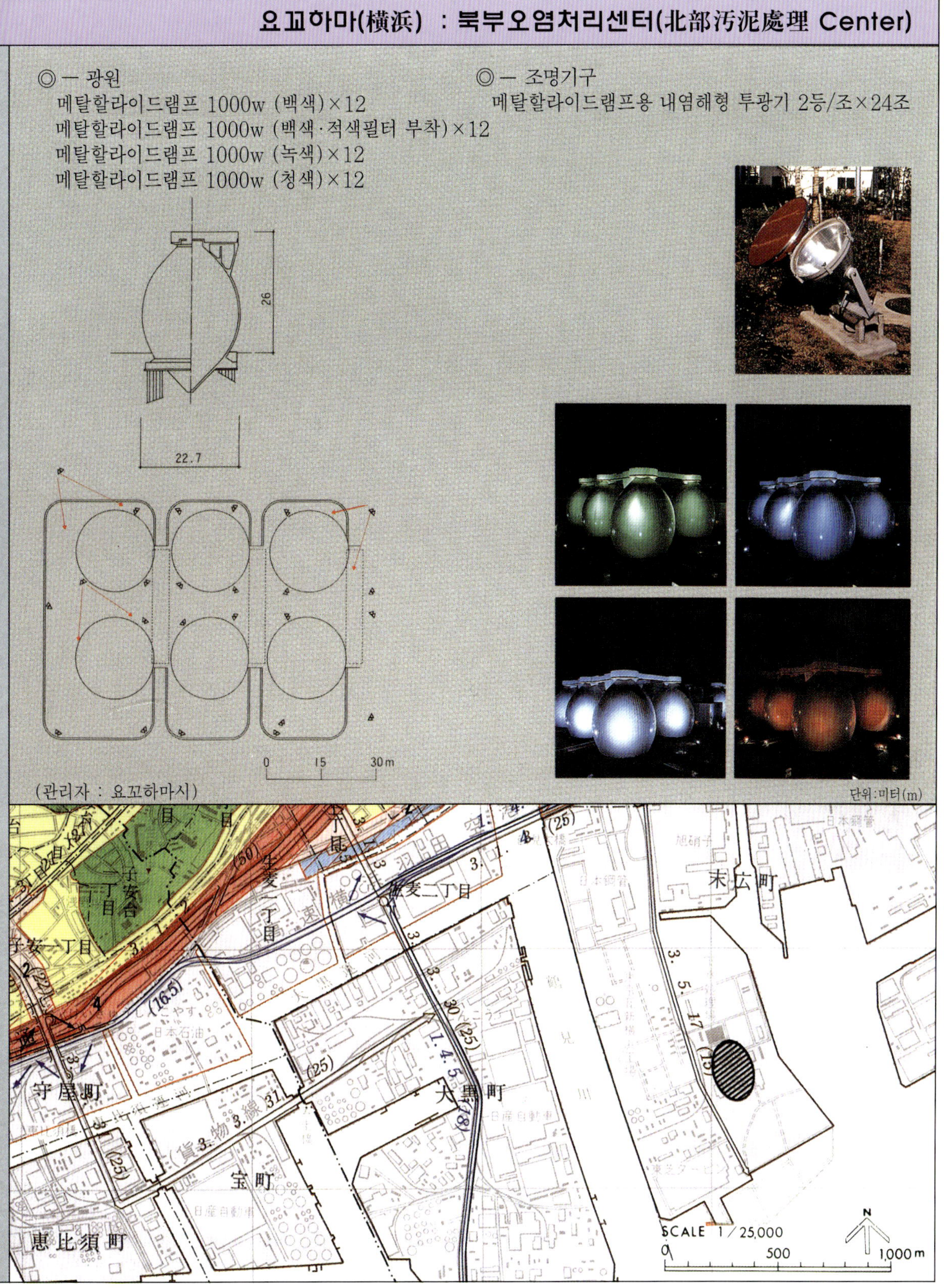

(관리자 : 요꼬하마시)

단위:미터(m)

32.역전의 상징이 되는 조각의 라이트업

◎—특색
· 후꾸오까시(福岡市)의 정면현관인 JR하까타(博多) 역전광장에 시민의 모금으로 설치한 헨리무어의
  조각「나체 와상의 모자」를 야간 라이트업으로 낮과는 다른 모습을 상징적으로 연출.

◎—도시속의 입지조건
· 도심부에 위치하고 주변은 업무 중추기능이 집적해 있는 지구이며, 역전에는 은행본점 등이 줄지어 있다.
  하카타역(博多驛)에서 바다로 향해 상징가로로서 폭원 50m.

◎—주변의 조명환경
· 주변은 업무가이며 야간조명은 적지만 역자체의 조명과 광장조명 등으로 약간 밝게 느껴진다.

◎—운용방법, 설치동기 등
· 시민의 모금으로 구입한 조각을 시가 기증을 받아 시(市)가 설치 및 수경정비를 실시하면서
  조명시설을 설치했다.

후꾸오까(福岡) : 헨리무어 조각

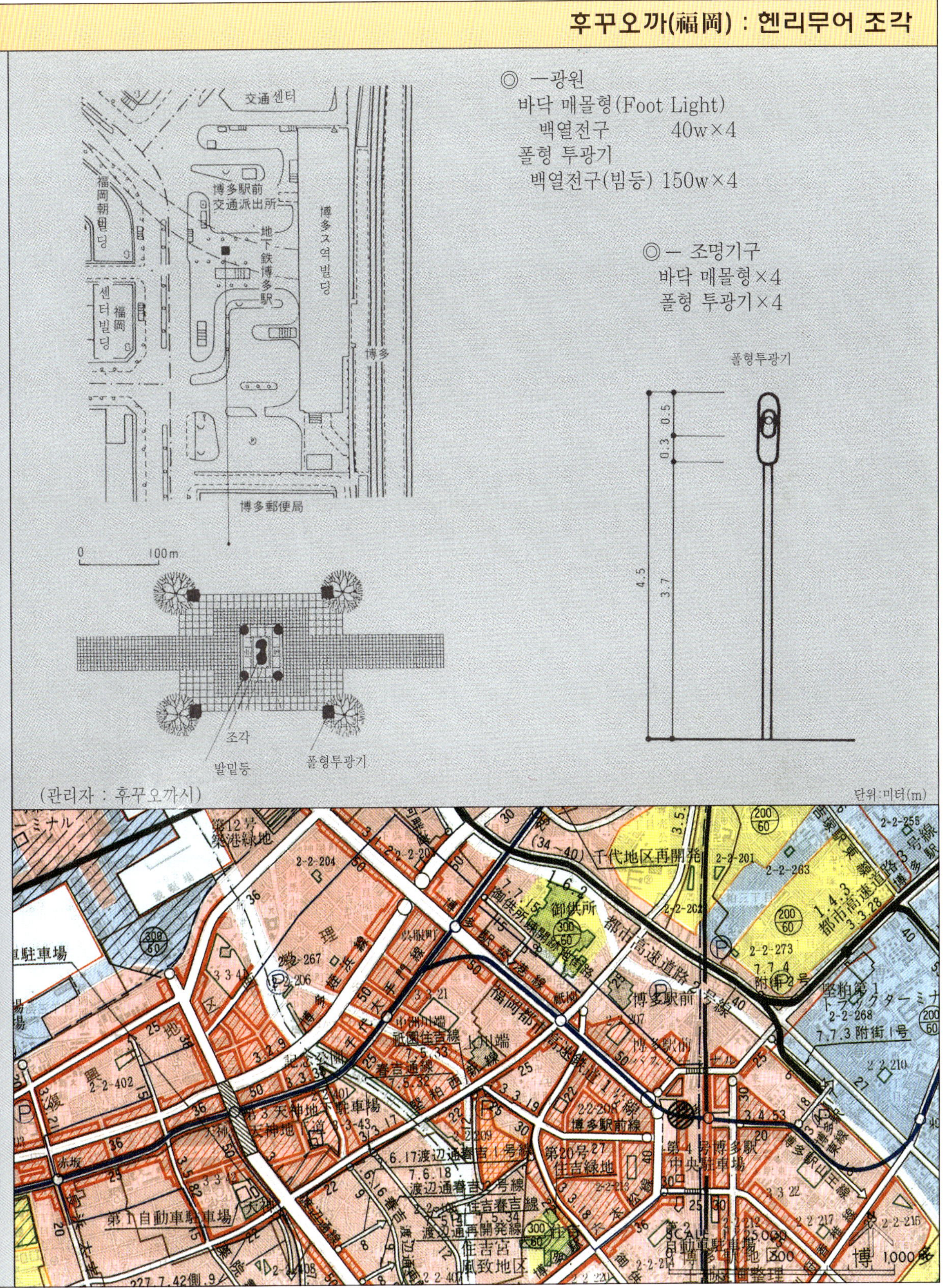

33.짙은 어둠 속에서 녹음을 비추는 빛

◎—특색
· 生田川 양안의 벚나무 가로수의 라이트업을 실시하고 있으며, 조명기구는 주변의 철쭉 식재 속에 설치되어 야간에는 눈에 띄지 않도록 설치되어 있다. 도로이용자(운전자) 쪽으로의 눈부심을 경감시키기 위해 루버를 설치하고 있다. 신록기에는 녹색이 아름답게 부상하는 수은램프, 개화기에는 핑크가 화사하게 연출되는 메탈할라이드 램프를 사용하고 있다.

◎—도시속의 입지조건
· 고베(神戶)의 현관입구의 하나인 신고베역(新神戶驛) 부근에 위치하고 있고, 주택지에 인접하고 있다.
· 주변에는 신고베(新神戶) 오리엔탈호텔, 北野町(이진간가로), 生田川 친수광장 등이 있으며 시민과 관광객에게 친근한 지역이다.

◎—도시속의 입지조건
· 인접지에 분수의 라이트업을 실시하고 있으며 사꾸라의 라이트업과 일체적으로 조성되어 있다. 옆으로 넓은 도로가 있고 도로조명기구가 설치되어 기능하지만 주변에는 주택과 비교적 작은 빌딩이 있을 뿐 조금 어둡다. 멀리 상업지역의 네온과 광고탑이 보인다.

◎—운용방법, 설치동기 등
· 고베시(神戶市)의 「그린라이트 계획」의 일환으로서 生田川 양안의 벚꽃의 명소가 라이트업 된다.
· 일몰에 점등하고 21시에 소등한다(동계는 소등하고 있다).

고베(神戶) : 生田川 벚꽃 가로수

◎ ─ 광원
수은램프 250w×28
(벗나무의 개화시기에는 메탈할라이드 램프 250w를 사용)

◎ ─ 조명기구
HID 램프용 투광기 (루버 부착)×228
(스테인레스제 밀폐형 박스 수납)

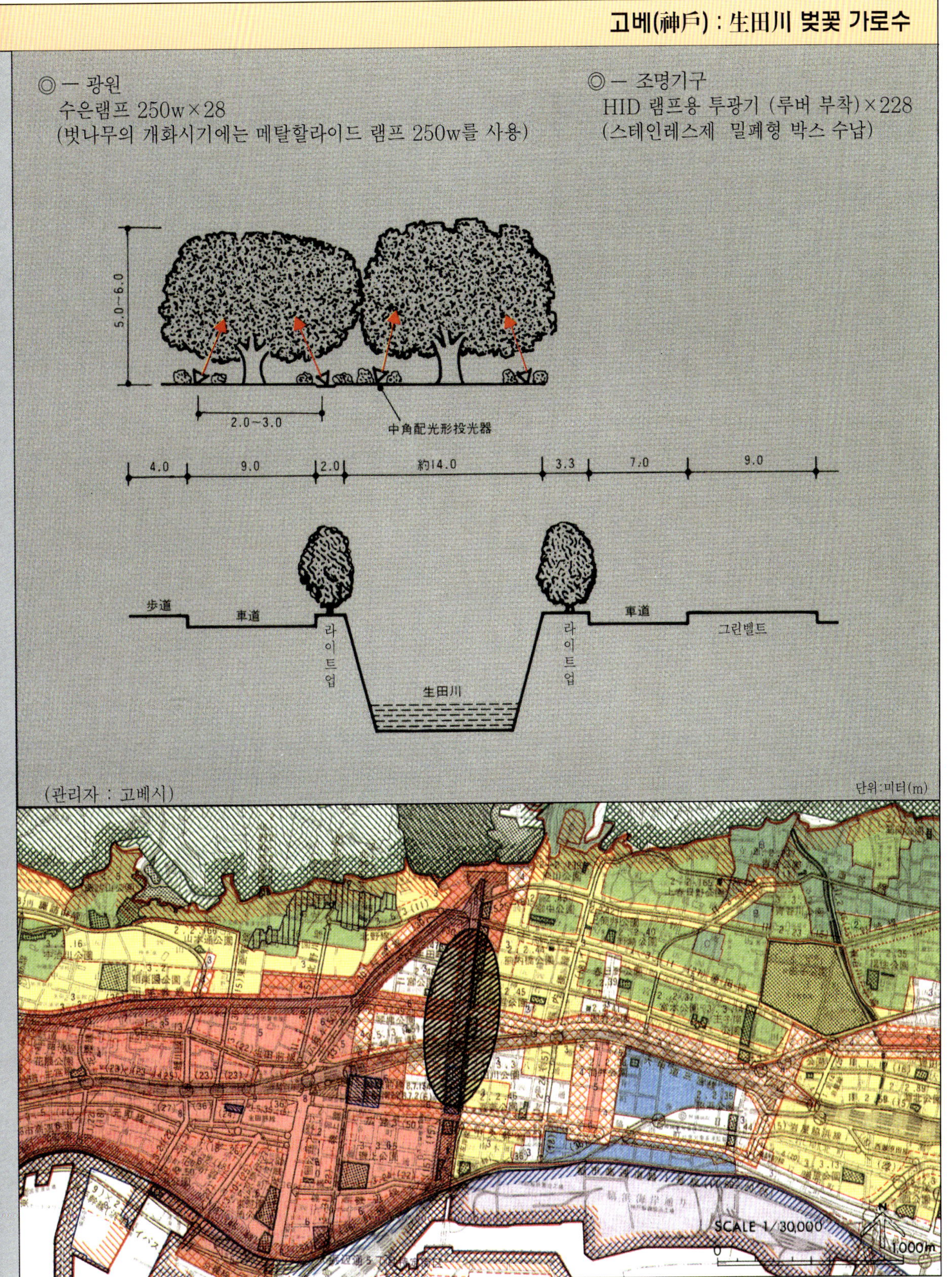

34. 야간에 편안함과 화려함을 주는 빛

◎─특색
· 줄기와 가지가 눈에 띄지 않고 잎의 녹색이 선명하게 보이는 수은램프를 선정하였다. 배후의 楠은 상향 투광하여 배경에 밝음을 확보하여 입체감을 주고 있다.

◎─도시속의 입지조건
· 시청에 인접해 있으며 역 앞의 아주 활기 있는 상업지와 공공시설 등이 모여 있는 업무지와의 접점에 있는 광장.

◎─주변의 조명환경
· 상업지와 인접해 있으며, 비교적 밝은 환경이다.

◎─운용방법, 설치동기 등
· 고베시(神戸市)의 「그린 라이트 계획」의 제1기 사업으로서 국제관광도시 고베(神戸)다운 화려한 밤의 분위기 형성을 목적으로 설치되었다.
· 일몰에 점등되어, 23시에 소등한다.

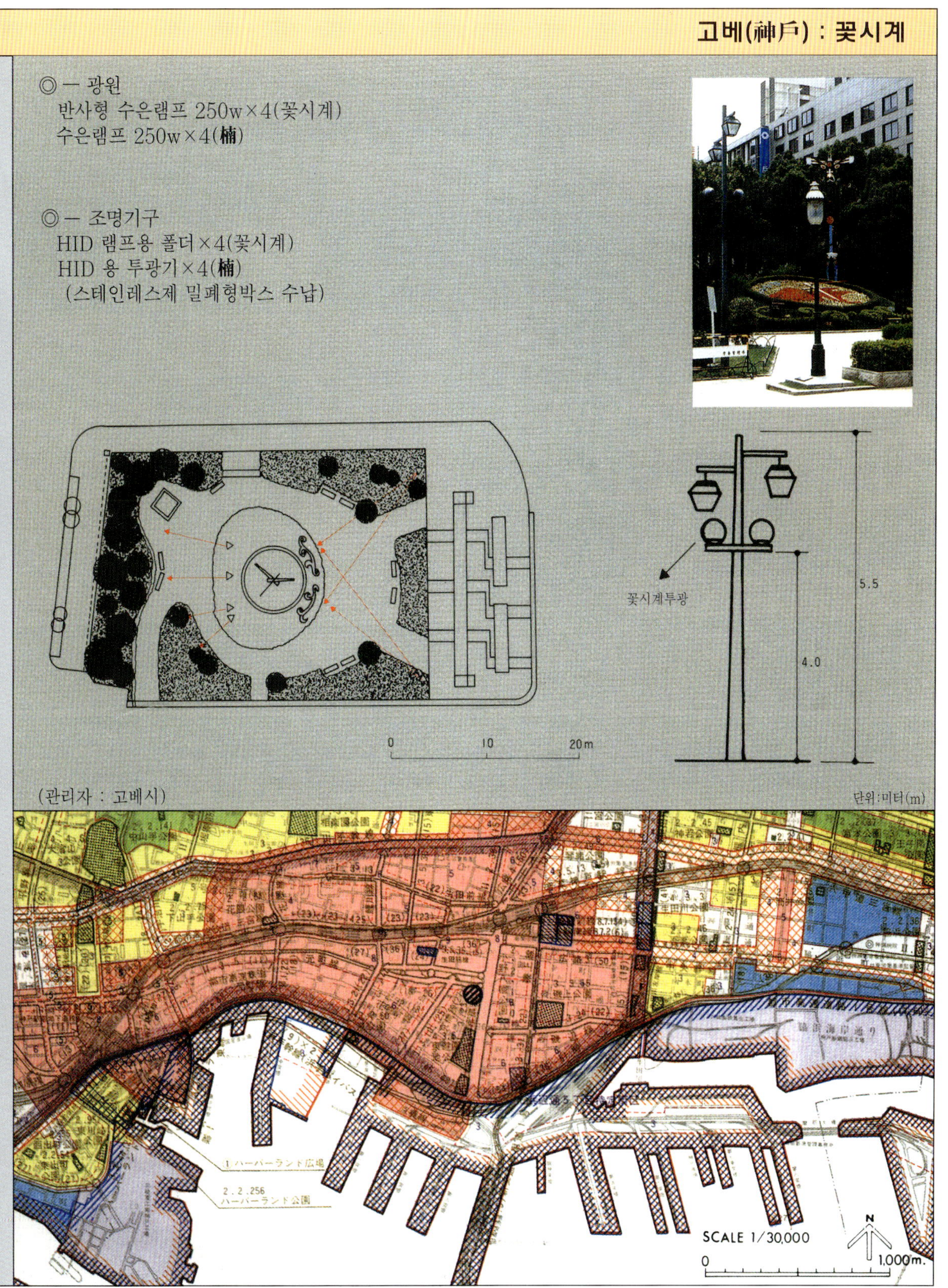

◎ ─ 광원
　반사형 수은램프 250w×4(꽃시계)
　수은램프 250w×4(楠)

◎ ─ 조명기구
　HID 램프용 폴더×4(꽃시계)
　HID 용 투광기×4(楠)
　(스테인레스제 밀폐형박스 수납)

(관리자 : 고베시)

35.물의 움직임에 흔들리는 빛

◎―**특색**
· 공원 속의 분수를 2종류의 광색으로 비춤으로써 흔들림의 미를 연출하고 있다.

◎―**도시속의 입지조건**
· 도심부에 위치하고, 나고야(**名古屋**)를 대표하는 공원의 하나인 **鶴舞**공원 속에 있다.

◎―**주변의 조명환경**
· 공원 내에 있으며 어둡다. 이 때문에 멀리서 보아도 주위의 수면에 빛이 반사되어 아름답다.

◎―**운용방법, 설치동기 등**
· 일몰시에 점등해서 22시에 소등한다
· 반수의 투광기는 메탈할라이드램프(상시점등)를 사용하고, 베이스 조명이 되고 있다. 계절감을 연출하기때문에 남은 반수의 투광기의 경우 하계에는 형광수은램프를 동계에는 고압나트륨램프를 각각 램프교환 할 수 있다.

名古屋 · 鶴舞公園 噴水

◎ — 광원
메탈할라이드램프 1000w×5 (상시)
고압나트륨램프 　600w×5 (동계)
형광수은램프 　700w×5 (하계)

◎ — 조명기구
HID 램프용 투광기×10 대

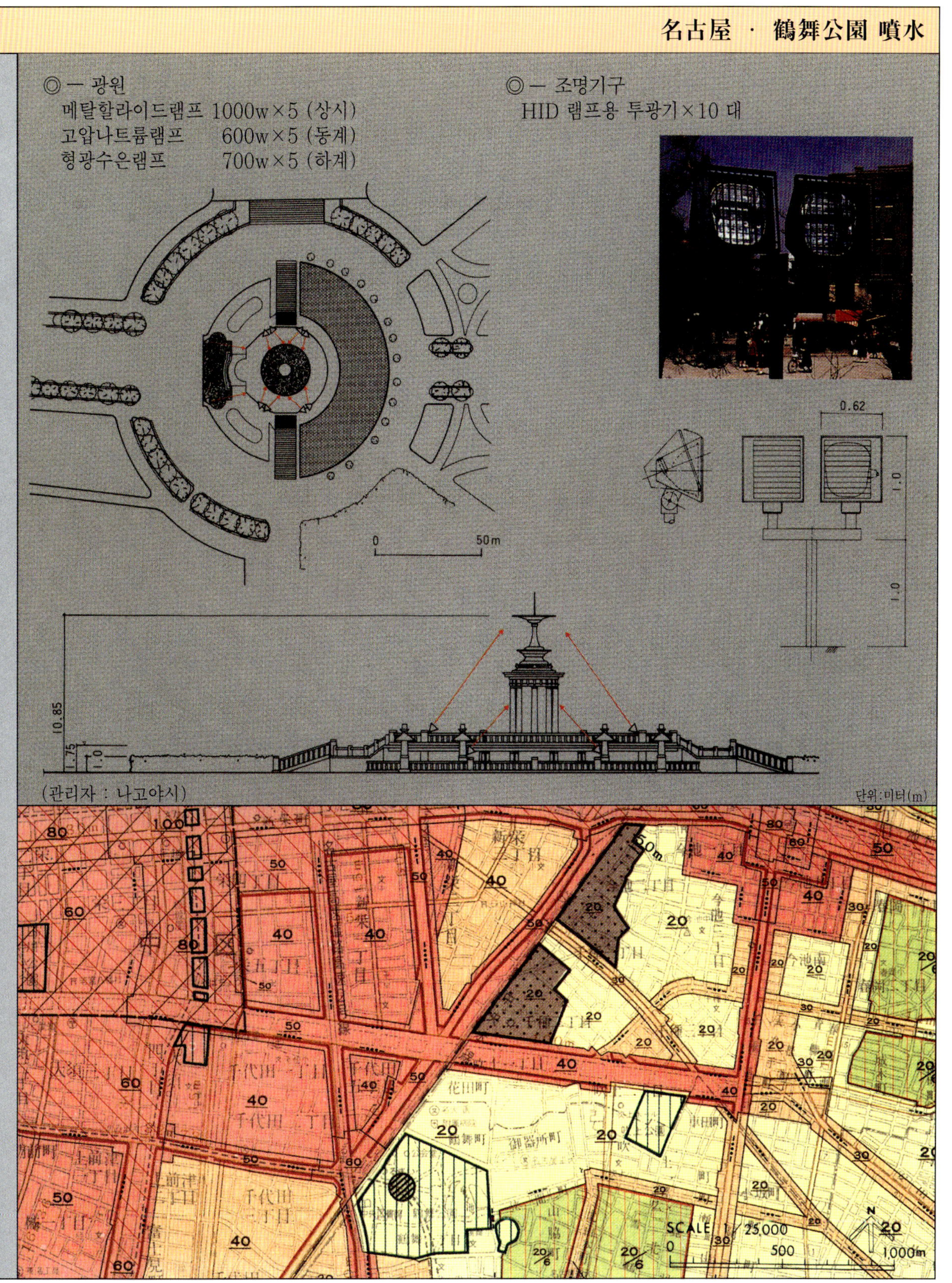

36.가로수의 일루미네이션

◎─특색
· 신사(神社)의 도시 · 센다이(仙台)를 대표하는 가로의 느티나무 가로수를 무대로 백열전구의
  일루미네이션에 의해 겨울하늘에 '온기'와 '감동'을 부르는 야간이벤트 조명이다.

◎─도시속의 입지조건
· 도심지구에 위치한다.
· 신사(神社)의 도시 · 센다이(仙台)를 대표하는 느티나무 가로수의 도로. 青葉路(36.50m), 定禪寺路(46m).
· 도로변은 용적율 500-800%의 상업지역, 青葉路(500-800%), 定禪寺路(500-600%).

◎─주변의 조명환경
· 광폭원 도로의 도로중앙부의 조명이며, 또 도로변 건축물의 상층부가 업무용이며 야간점등이 적기 때문에
  밤하늘이 배경이 된다.

◎─운용방법, 설치동기 등
· 12월 중순에서 섣달 그믐날까지 약 2,300m의 구간을 이벤트로서 점등하고 있다.
· 어린이들에게 '1년에 한번의 꿈을!'을 테마로 한 활기 있는 도시만들기와 센다이의 문화 창조를 목표로
  진행하고 있다.
· 시민의지로 만드는 실행위원회에 의한 실시 · 운영. 비용은 모금 · 협찬금.

仙台 · 定禪寺路 일루미네이션

◎ ─ 광원
100v 용 백열전구
느티나무 1본당 약 3,000~3,500개
합계 50만개

◎ ─ 조명기구
느티나무 가로수 114본 (약 2,300m)에 소형전구를 설치
定禪寺路(1 · 1 · 4 빌딩 - 시민회관 0.8km)78본
青葉路(센다이역앞 - 사꾸라가오까 공원앞 1.5km) 79본

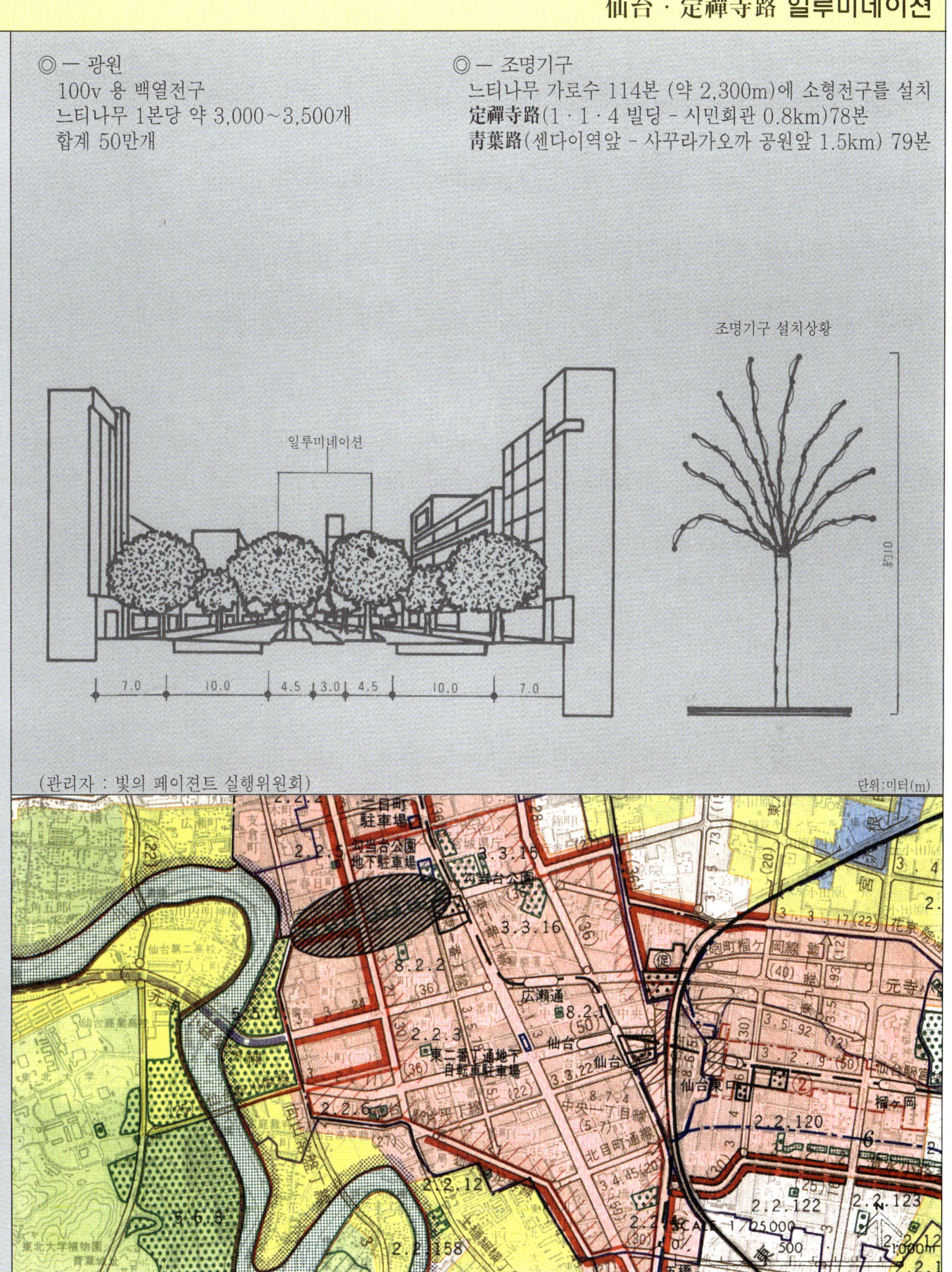

37.눈을 채색하는 빛의 오브제

◎─특색
· 삿뽀로(札幌)의 메인스트리트인 오오도리(大路) 및 오브제에 소형전구를 설치하고, 매력 있는 겨울의 북극 도시를 연출하는 「화이트 일루미네이션」이다.

◎─도시속의 입지조건
· 도심부 상업지역(용적율 600-800%)에 위치한다
· 오오도리(大路) 및 역전도로의 대로 이북은 업무지구이며 은행, 사무소 빌딩 등이 많다. 또 역전 도로의 대로 이남은 데파트, 음식점 빌딩 등 상업서비스 지구이다.

◎─주변의 조명환경
· 오오도리(大路) 및 역전도로의 이북은 보도등(步道燈), 광고등(廣告燈) 정도로 불빛은 적다.
· 한편 역전도로의 대로 이남은 광고, 네온이 많고 꽤 어둡다.

◎─운용방법, 설치동기 등
· 삿뽀로(札幌)의 겨울을 장식하는 풍물시로서 시민 및 관광객을 즐겁게 해 줄 수 있는 행사로 발전시키는 것을 목적으로 소화 56년부터 실시하고 있다.
· 점등은 12월 초순부터 2월 중순까지의 75일간 시간은 16:00-22:00.

札幌 · 화이트 일루미네이션

◎ ― 광원
빛의 오브제 : 백열전구 204,000개
오오도리(大路) 공원과 역앞 도로에 서 있는 가로수에는
미니전구(오오도리(大路):144,298개, 역앞도로:60,350개)

◎ ― 조명기구
오오도리(大路) (西2丁目-西6丁目)
입목 50본 외에 메인오브제 6기
미니 오브제 약90기에 소형전구를 설치
역앞 도로
입목 84본 (약1.2km)에 소형전구를 설치

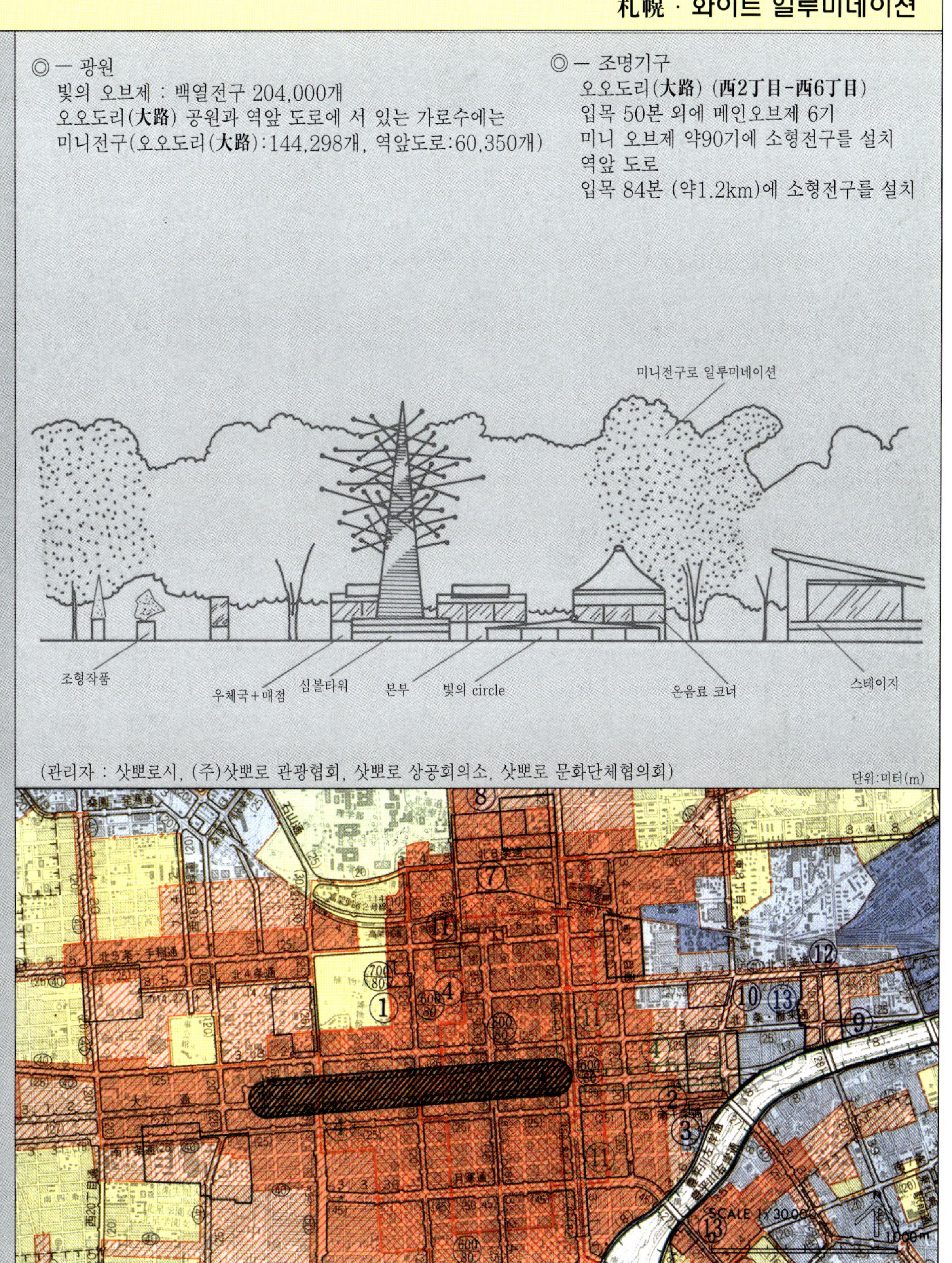

(관리자 : 삿뽀로시, (주)삿뽀로 관광협회, 삿뽀로 상공회의소, 삿뽀로 문화단체협의회)

단위:미터(m)

38.밤하늘에 우뚝 솟은 빛의 랜드마크

◎―**특색**
· 「바다로 열려진 아시아의 거점도시」를 목표로 하는 후꾸오까시(福岡市)의 새로운 심볼타워로서 하프 미러 글래스의 벽면이 저녁에는 주위를 비추어주고 밤에는 스스로 발광하여 내부 구조를 아름답게 비추고 있다. 애칭 「미러 세일」로 높이 234m(해변타워에서는 일본 제일)의 높이를 자랑한다.

◎―**도시 속의 입지조건**
· 후꾸오까시(福岡市)의 새로운 거점이 되는 서부지구 임해부의 해변(Sea-side)도 지구내에 위치한다.
· 주변은 상업·업무지구가 될 예정이다.

◎―**주변의 조명환경**
· 아시아 태평양 전람회 개최 중에는 회장 내에서는 야간 파빌리온의 라이트업과 일루미네이션, 서치라이트 등 빛의 연출이 실시되었다.

◎―**운용방법, 설치동기 등**
· 시정 100주년을 기념으로 아시아 태평야 전람회(1989년)의 심볼타워로서 건설된 것.
· 통상은 탑내 조명을 실시하지만, 여름에는 하늘의 하천 일루미네이션을 실시하고 있다 (1988년의 크리스마스에는 크리스마스 트리의 일루미네이션을 실시).

◎ ― 광원
· 탑내 조명
  수은램프 100w×255
  수은램프 200w×91
  수은램프 400w×126
· 하늘의 하천 일루미네이션
  백열전구　5w×4,000
  백열전구　10w×800
  후레쉬램프×20

◎ ― 조명기구
· 탑내부에 설치해서 하프 미러글래스을 통해서
  내부구조를 부각시킨다(상시).
· 하늘의 하천을 상징하는 일루미네이션을 설치(하계)

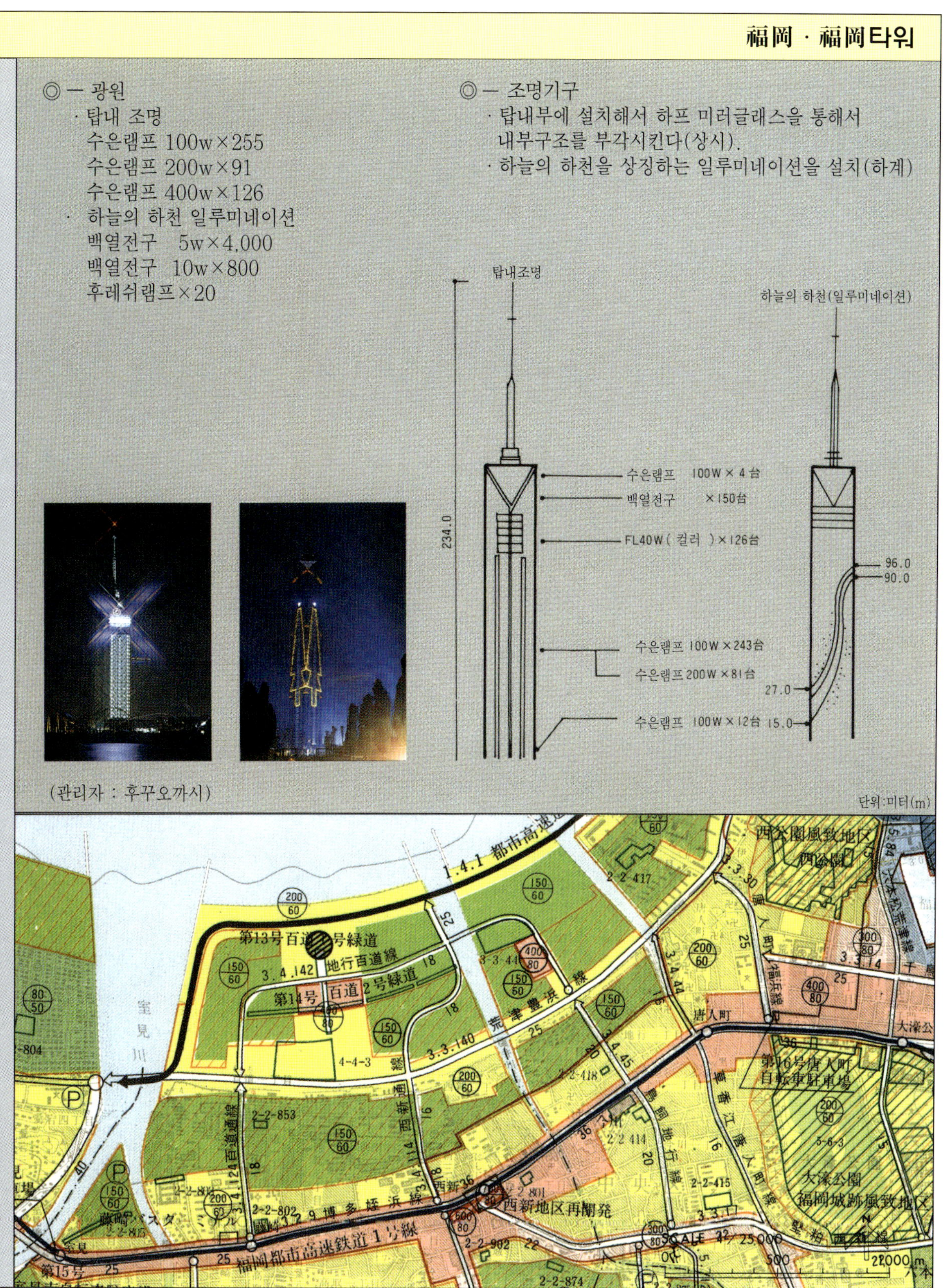

(관리자 : 후꾸오까시)

단위:미터(m)

3

제 3 부 참고자료

1 · 조명방법의 기초지식

빛의 성질

(1) 밝기

밝기를 재는 일반적인 척도는 조도이다. 조도란 비춰지는 면에 입사하는 빛의 양이며, 그 단위는룩스(lx)로 나타낸다. 우리들이 일상생활에서 경험하는 조도는 그림 1과 같이 광범 위하다.

그러나 밝기의 감각에는 조도뿐 아니라 휘도도 영향을 미친다. 예를 들면 흰색 건물과 벽돌 건물에 같은 조도를 비춰도 같은 밝기로 보이지 않는다. 이것은 반사율이 높으면 휘도(휘도란, 비춰지는 면에 입사한 빛이 어떤 방향에 반사되는 광량으로 단위는 간델라 퍼 평방미터 (cd/m2)로 나타낸다)가 높아지고 밝게 보이며 반사율이 낮으면 휘도가 낮아지고 어둡게 보이기때문에 밝기에 차이가 생기기 때문이다.

또 명암에 익숙한 눈에는 달빛과 같이 낮은 조도로 비춰진 물체라도 밝게 보이지만, 낮동안에 밝은 빛에 익숙해 있다가 집에 가면 어둡게 보이는 바와 같이 환경의 밝기에 의해서도 크게 좌우된다.

(2) 반짝거림과 빛남

시야 속에 주위에 비해 두드러지게 휘도가 높은 것이 있으면 눈부시게 느낀다. 그 눈부심을 글레어라고 한다. 이 글레어에는 반대편 차량의 전조등 때문에 볼려고 하는 물체가 보이기 어렵게 되는 시각 저하 글레어와 눈부심이 있기 때문에 불쾌하게 느끼는 불쾌글레어가 있다. 일반적으로는 이와 같이 글레어가 없는 조도가 양질의 조명이라고 할 수 있다.

그러나 반짝반짝이는 적당한 반짝거림이 가벼운 흥분을 가져오고 활기와 흥분을 느끼게 하기도 한다.

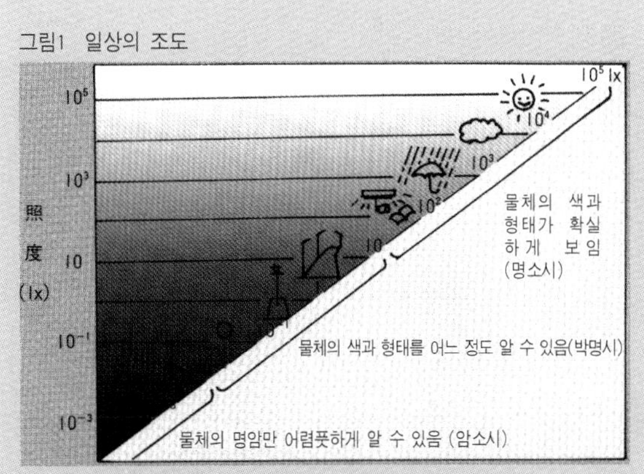

자연광에 의한 조도는 해가 없는 밤의 0.0003 룩스부터 직사일광하의10만 룩스까지의 아주 넓은 범위를 말한다.

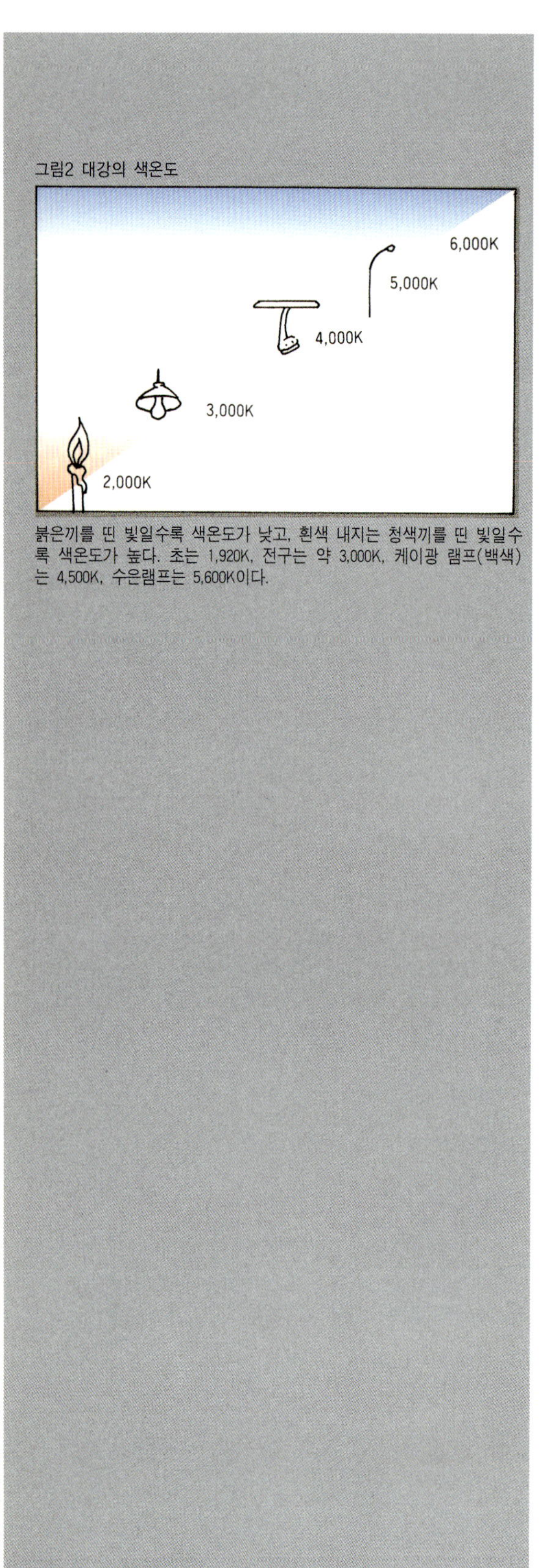

붉은끼를 띤 빛일수록 색온도가 낮고, 흰색 내지는 청색끼를 띤 빛일수록 색온도가 높다. 초는 1,920K, 전구는 약 3,000K, 케이광 램프(백색)는 4,500K, 수은램프는 5,600K이다.

(3) 연색성과 광원색

인공광(광원)으로 물체를 비추는 경우 이 물체색이 어떻게 보이는가를 광원의 연색성이라고한다. 연색성이 나쁜 광원으로 비추면 물체색이 다르게 보인다. 단, 물체색이 충실하게 보이는 것도 중요하지만, 충실하게 보이지 않더라도 화려하게 보이거나 좀더 아름답게 보이기도 하는 경우도 있다. 연색성은 색온도라고 하는 수치로 나타내고 색온도가 높은 광원은 파랗게 보이고, 색온도가 낮은 광원은 빨갛게 보인다. 이 때문에 광원색에 따라 시원하게 느끼거나 따스하게 느끼거나 한다. 대표적인 광원의 색온도를 표2에 나타낸다.

광원의 종류와 특성

(1) 광원의 밝기와 수명

일반조명용으로 사용되는 광원으로는 백열전구(일반조명용 전구, 할로겐 전구 등), 형광램프, HID램프를 주로 들 수 있다. 여기서 HID램프란 수은램프, 메탈할라이드램프, 고압나트륨램프 등을 총칭해서 부르는 이름이다. 광원의 밝기의 양은 루멘(lm)으로 나타내고, 효율은 소비전력 1와트 당 밝기의 양(1m/w)로 표시한다.

광원의 발달은 이러한 수치향상의 역사 속에서 1879년(메이지 12년)에 에디슨이 실질적인 백열전구를 발명한 때의 밝기는 소비전력 1와트당 1-2 루멘이었으나 그 후 개량 및 각종 광원의 출현으로 현재로서는 백배정도의 효율이 있는 것도 실용화되고 있다.

그림3은 대표적인 광원의 효율향상 추이를 나타낸 것이다.

또 광원은 사용시간에 따라 밝기가 저하되고 결국에는 점등되지 않게 되지만 그 수명은 광원의 종류에 따라 크게 다르다.

HID 램프는 백열전구에 비해 굉장히 수명이 긴 광원임과 동시에 효율(1m/w)도 높고 한등당의 밝기량(1m)이 크다는 것을 알 수 있다. 효율(1m/w)의 높을수록 사용전력량은 적고 긴수명일수록 광원의 효율빈도는 적다.

(2) 광원의 색채효과

광원과 조명을 받는 물체와의 조합에 따라 다양한 색채효과가 생긴다. 그림14는 광원의 색채효과를 나타내는 것으로 예를 들면 색온도가 높은(약 4,000-6,000K) 수은램프와 메탈할라이트 램프는 시원한 느낌을 주고 적 · 주황계의 물체(벽돌 · 단풍 등)가 강조된다.

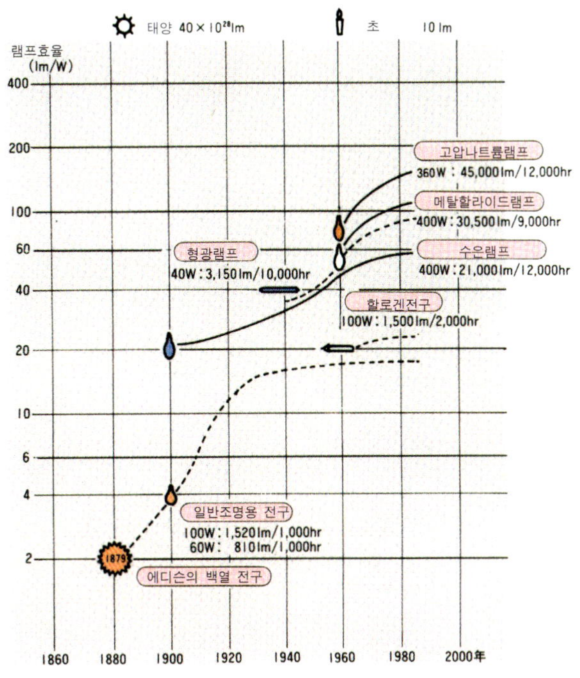

그림3 대표적인 광원의 효율향상 추이와 대표 타입의 밝기/수명

그림4 대표광원의 색채효과

	색	광　원　색			물체의 색이 충분히 보이는 정도
		난 ← 　　중간　　 → 한 색 온 도 2.000　　4.000　　6.000K			
백열전구	적 · 주황	· 할로겐전구 · 백열전구			매우 양호
형광램프	청 · 녹 · 황		· 백색형광램프		양호
	청 · 녹			·주광색 형광램프	양호
HID 램프 — 수은램프	청 · 녹 · 황		· 형광수은램프		보통
	청 · 녹			· 수은램프 (투명)	조금나쁨
HID 램프 — 메탈할라이드램프	청 · 녹		· 메탈할라이드램프		양호
HID 램프 — 고압나트륨램프	황	· 고압나트륨램프			조금나쁨
	주황 · 적	· 고연색형 고압나트륨램프			양호

HID 램프란 High Intensity Discharge Lamp의 약칭. 한국말로는 「고휘노 방선램프」라.l.노 한나.

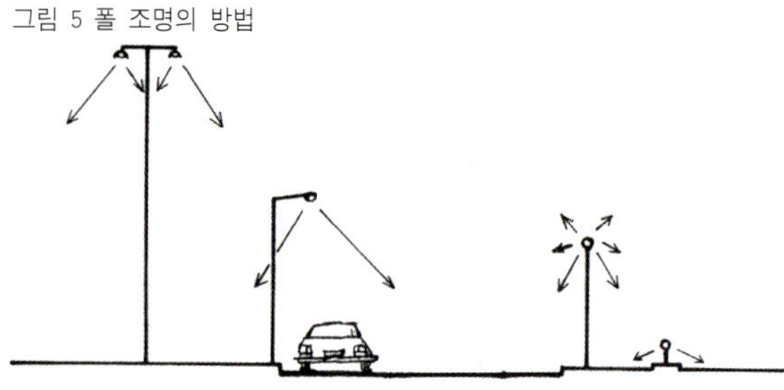

그림 5 폴 조명의 방법

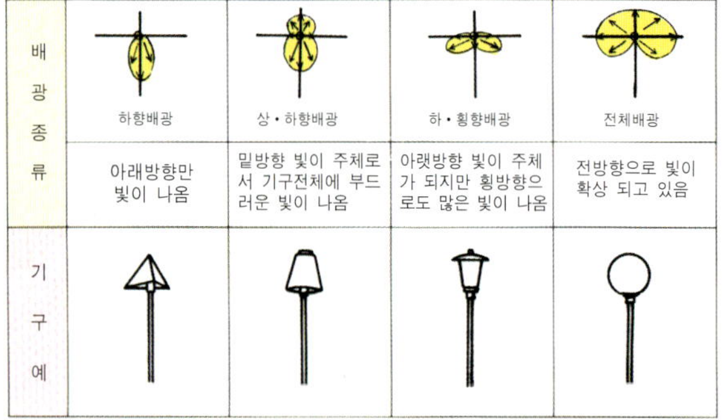

그림 6 폴 조명용 기구의 배광의 종류

배광종류	하향배광	상·하향배광	하·횡향배광	전체배광
	아래방향만 빛이 나옴	밑방향 빛이 주체로서 기구전체에 부드러운 빛이 나옴	아랫방향 빛이 주체가 되지만 횡방향으로도 많은 빛이 나옴	전방향으로 빛이 확산 되고 있음
기구예				

그림 7 조명방식과 대상공간, 광원의 관계

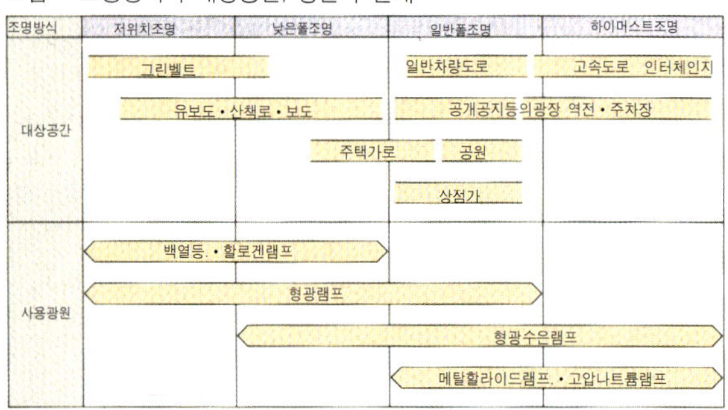

조명방식	저위치조명	낮은폴조명	일반폴조명	하이머스트조명
대상공간			일반차량도로	고속도로 인터체인지
	그린벨트		공개공지등의광장 역전·주차장	
	유보도·산책로·보도		주택가로 공원	
			상점가	
사용광원	백열등·할로겐램프			
	형광램프			
		형광수은램프		
		메탈할라이드램프·고압나트륨램프		

그림 8 투광조명의 방법

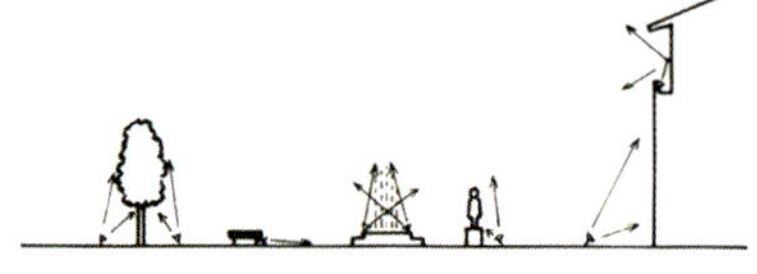

그림 9 투광조명용의 기구의 배광의 종류

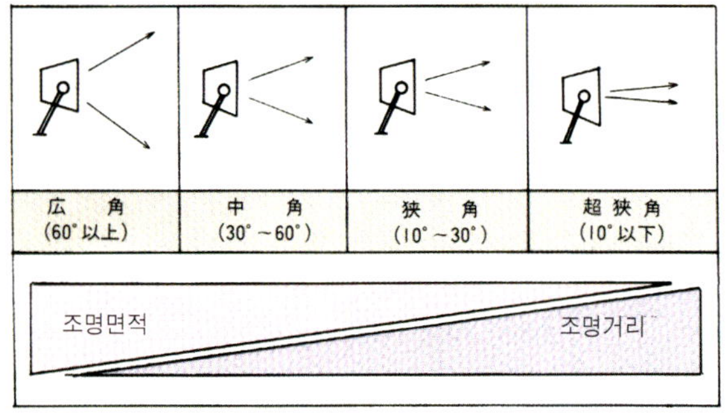

조명방법과 기구

(1) 폴조명

폴조명은 광장, 차도, 보도, 잔디·화단 등을 조명하는 경우에 사용되는 방법으로 폴 위에 조명기구를 부착한다(그림 5 참조)

이 경우 조명기구의 빛을 내는 방법(배광이라고 한다)에는 그림 6과 같은 종류를 들 수 있다. 횡방향으로 많이 빛을 낸 것일수록 주위 건물과 식재를 밝게 하지만 주위가 어두운 곳에서는 보행자와 운전자에게 눈부심을 주는 것이 많다.

그림7은 폴조명에서 폴 높이, 대상공간 및 사용 광원의 관계에 대한 하나의 기준을 나타내고 있다.

(2) 투광조명

투광조명은 그림8에 나타낸 바와 같이 식재, 발밑, 분수, 조각, 건축물 등을 조명하는 방법이다. 이들에 사용하는 조명기구(투광기)의 배광 종류에는 그림9에 나타낸 것과 같은 종류가 있고, 조명하는 면적과 거리에 따라 구분될 수 있다. 최근 사례가 증가하고 있는 라이트업은 여기에 해당한다.

또 투광조명을 실시하는 경우, 적당한 명암을 줌에 따라 대상물의 입체감이 강조된다. 이 경우 투광기의 배치방법의 예를 그림 10에 나타낸다.

(3) 일루미네이션

일루미네이션이란 광원자신의 휘도를 보이고, 공간을 연출하는 방법이다. 연말의 센다이의 정선사 도로에서는 낙엽수에 소형의 백열전구를 다수 부착하고, 점멸과 칼라전구에 의한 연출을 실시하고 있다. 또 최근에는 박열전구 이외에 광섬유, 발광다이오드(LED) 등도 사용되고 있다.

그림 10 투광기의 기본배치

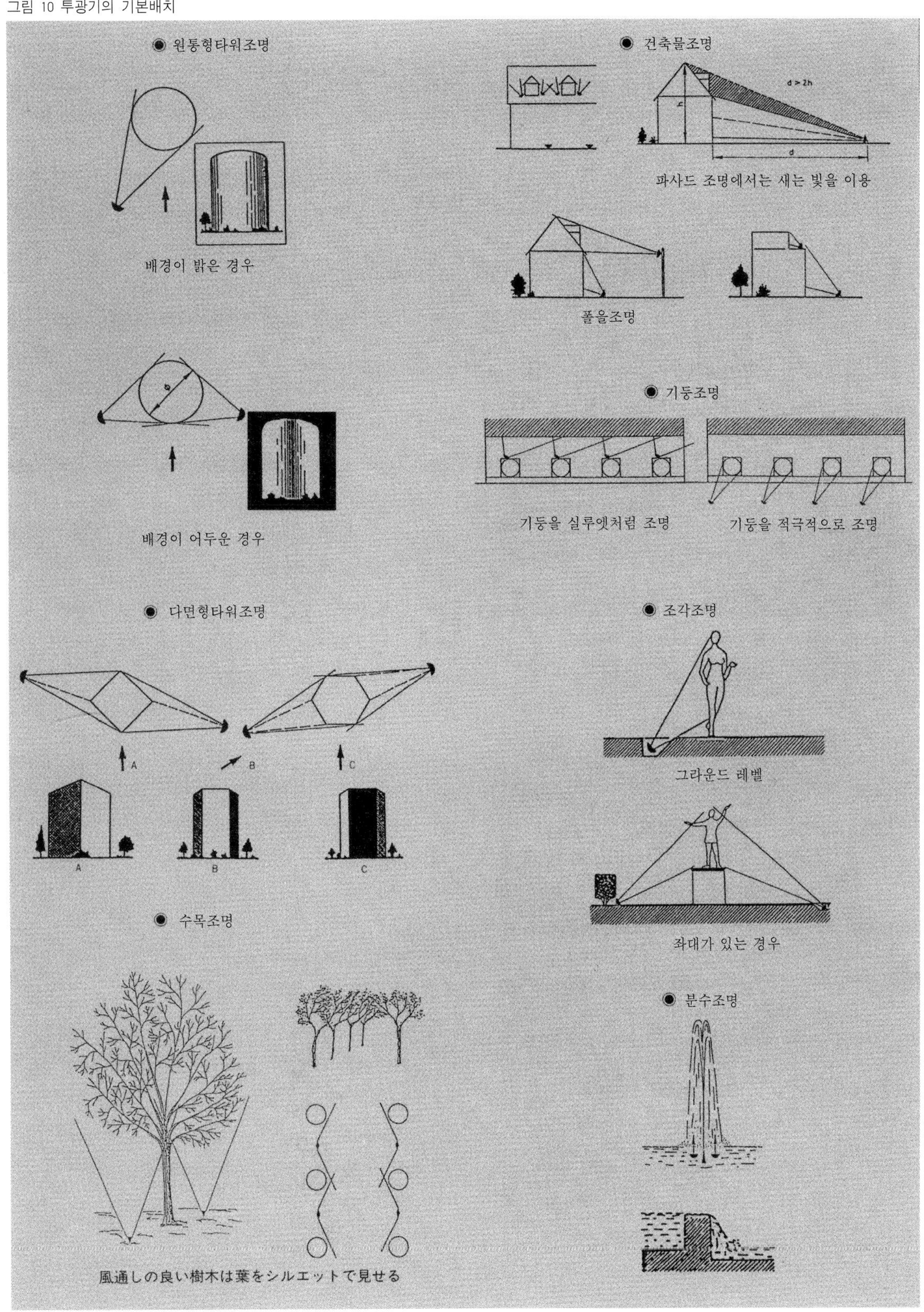

 2 조명에 관한 현행기준등

시설대상별 도시조명의 정비에 관한 현행 기준등을 표1에 정리하였다. 공공시설의 관리기관별 기술기준 또는 표준, 항로·공항부근에서의 등화규제, 전기설비·요금 등에 관한 규정 등으로 대별된다.

조명기준

(1) 도로·교량의 조명기준

① 도로조명 시설설치기준·동 해설

(사)일본도로협회, 소화 56년 4월

도로조명 설치기준은 소화 56년 3월 27일, 건설성 도시국장 및 도로국장이 각 도로관리자에게 통지한 것이다.

본 기준은 도로조명시설 정비에 관한 일반적 기준을 정한 것으로 합리적인 계획, 설계,시공 및 유지관리를 제시함을 목적으로 하고 있다.

연속조명의 조명설계에 있어서는 노면의 평균휘도가 적절할 것, 노면의 휘도분포가 적절한 균제도를 가질 것, 눈부심을 충분히 제한할 것, 적절한 유도성을 가질 것을 조명요건으로 하고 있다.

표1 관련제도 일람표

대 상	제 도 명 칭	근거법	소 관	내 용
도로·교량	도로조명시설 설치기준 도로조명기준 JIS Z9111	도로법 공업표준화법	건설성 통산성	도로 및 터널의 기준휘도, 조명방식, 광원,등구배광 등 노면휘도, 배광, 부착높이, 배열 등
공 원	도시공원기술표준 조명기준 JIS Z9110(부표9)	도로공원법 공업표준화법	건설성 통산성	조명수법, 조도, 광원, 기구, 재료 소요조도
통 로	조명기준 JIS Z9110(부표9)	공업표준화법	통산성	소요조도
광 장	조명기준 JIS Z9110(부표9)	공업표준화법	통산성	소요조도
주차장	조명기준 JIS Z9110(부표9)	공업표준화법	통산성	소요조도
부 두	항만시설기술표준 조명기준 JIS Z9110(부표9)	항만법 공업표준화법	운수성 통산성	기준조도, 광원, 기구, 조명설치수법 소요조도
항 로	등화의 제한	항로표식법 항측법	운수성 운수성	항로표식확인 위험이 있는 등화의 제한(8조) 항내, 항경계 부근의 선박교통장해등화의 제한
공항부근	항공장해등의 설치의무 유사등화의 제한	항공법 항공법	운수성 운수성	높은 구조물에 대한 항공장해등 설치의 의무 항공등화의 명확한 식별장해, 인식위험이 있는 등화금지
전 반	업무규칙	전기사업법	통산성	공급규정의 책정의무
전 반	전기공급규정	전기사업법	통산성	전기요금, 공급조건 등
전 반	보안규칙	전기사업법	통산성	전기공작물의 유지, 기술기준적합조상의무, 주임기술자 선임제출의무
전 반	전기용품취급법시행령	전기용품취급법	통산성	전선, 전선관, 배관기구 등의 구조 등의 기준

노면의 밝기기준은 표2와 같다.

연속조명의 조명방식은 원칙적으로 폴 조명방식으로 되어 있지만 도로구조에 따라 구조물에 직접 등구를 부착하는 방식, 도로의 난간에 등구를 부착하는 난간조명방식, 높이20M 이상의 마스토에 등구를 복수로 고정하는 하니마스토 조명방식, 중앙분리대상의 높이15-20M의 폴에 카테나리선을 당겨 등구를 늘어뜨려 조명하는 카테나리 조명방식 등이 해설되어 있다. 도로조명에 사용하는 광원은 형광수은램프, 고압나트륨램프, 저압나트륨램프 및 형광램프 중에서 선정하는 것으로 하고, 효율과 수명, 주위 온도의 영향, 광색과 연색성에 주의해서 선정하는 것으로 하고 있다.

② JIS Z 9111 도로조명기준

본 기준은 JIS Z 9111-1969(도로조명기준)이 개정된 것이다. 종래 독립된 기준이었던 JIS Z 9114-1969(횡단보도 조명기준)을 폐지하고 이 기준에 포함시켰다.

조명기준으로서는 운전자, 보행자에 대해제시되어 있으며, 표3은 보행자에 대한 조명기준이다.

표2 기준휘도

도로분류 \ 외부조건		A	B	C
고 속 자 동 차 국 도 등		1.0	1.0	0.7
		—	0.7	0.5
일반국도 등	주 요 간 선 도 로	1.0	0.7	0.5
		0.7	0.5	—
	간선 · 보조간선도로	0.7	0.5	0.5
		0.5	—	—

외부조건A : 도로교통에 영향을 미치는 빛이 연속적으로 존재하는 도로변의 상태를 말함
외부조건B : 도로교통에 영향을 미치는 빛이 단속적으로 존재하는 도로변의 상태를 말함
외부조건C : 도로교통에 영향을 미치는 빛이 거의 없는 도로변의상태를 말함

표3 보행자에 대한 도로조명의 기준

야간의 보행자 교통량	지 역	조 도 (lx)	
		수평면 조도(1)	연직면 조도(2)
교통량이 많은 도로	주택지역	5	1
	상업지역	20	4
교통량이 없는 도로	주택지역	3	0.5
	상업지역	10	2

주 (1) 수평면 조도는, 보도의 노면위의 평균조도
　 (2) 연직면 조도는, 보도의 중심선 상에서 노면위에서 1.5m 높이의 도로축에 대해 직각인 연직면 위의 최소조도

(2) 공원 · 도로 · 광장 · 주차장 등의 밝기 기준

JIS Z 9110-1979(조명기준)이 폭넓게 사용되고 있다. 본 기준은 각 시설의 인공조명의 조도기준에 대해 규정하고 있으며, 표4-6과 같다.

표4 도로, 광장, 공원

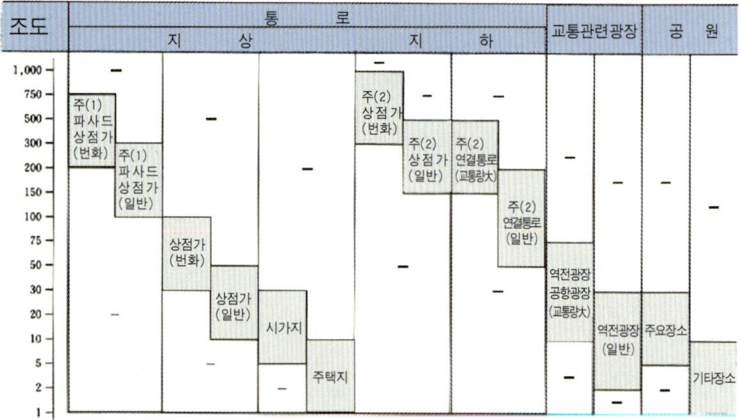

주(1) 심야에는 1/10~1/20 조도의 존치등을 설치함
주(2) 출입구 부분은 지상과의 연결구조를 고려하여 등을 늘리는 것이 바람직함.교차부에서는 좀더 고조도가 바람직함

표5 주차장

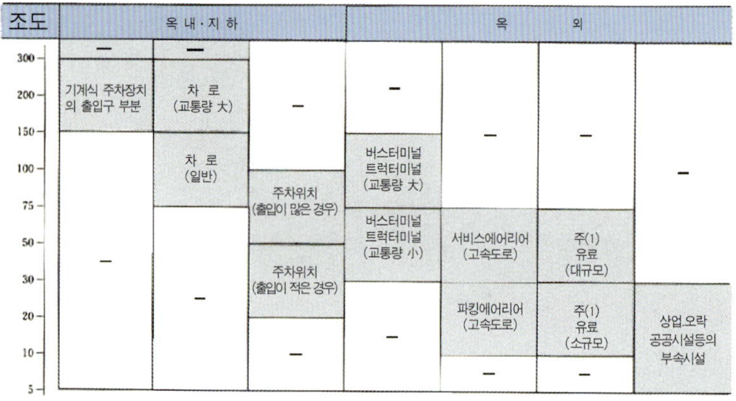

주(1) 파킹센터에 의한 노상 주차장은 제외함

표6 부두

등화규제에 관한 법령

선박과 항공기의 안전한 운행을 확보하기 위해 법령 속에는 도시의 조명과 관련된 등화에 대한 규제가 정해져 있다. 그 규제의 중요한 것을 표7에 제시한다.

기 타

전기설비의 안전한 시공·유지·관리 및 전기를 사용하는 경우의 기준·규정에 대해 표8에 제시한다.

표7 등화규제에 관한 법령

대 상	명 칭	내　　용
항구내 또는 항구의 경계 부근	항 측 법 제36조	항구내 또는 항구의 경계부근에서 선박교통의 방해가 될 위험이 있는 강력한 등화사용을 규제하고 있다.
항 로 부 근	항로표식법 제8조	항로표식으로 인식되지 않도록 해야 한다
공 항 부 근	항 공 법 제51조	구조물의 높이가 각각 60, 90, 150m 이상인 경우, 그 높이에 따라 항공장해등을 부착시킬 것
	항 공 법 제52조	항공등화의 인식을 방해하거나, 오인될 위험이 있는 등화를 부착해서는 안된다.

표8 기타 법령

대 상	명 칭	내　　용
전 반	전기사업법 제19조	전기요금, 공급구역 및 전압 등의 공급조건에 대한 전기사업자 (전력회사)가 작성한 것을 통산성 장관이 허가한다.
	제48조	전기공작물의 유지
	제49조	전기공작물이 인체, 물건에 위해·손해를 주지 말 것, 다른 전기설비에 장해를 주지 말 것 및 전기공급에 현저한 지장을 미치지 말 것을 정하고 있다. 이를 위해 기술상의 기준에 적합하도록 통산성 장관은 명령할 수 있다.
	전 기 설 비 기 술 기 준	전기설비에 관한 기술기준을 정하는 성령(省令)에 따라 전선로·전기기기의 기준을 정하고 있다.
	전 기 용 품 취 급 법	전기용품의 제조, 판매, 사용에 대해 소정의 규칙을 추가하여 화재·감전위험과 잡음방지를 목적으로 하고 있다. 특히 장해발생 위험이 있는 것을 갑종(甲種) 전기용품으로써 구조물 등의 기준을 정하고 있다.

3 · [좌담회] 및 [위원회] 제언요지

도시경관좌담회 (좌장:芦原義信 · 武藏野美術大學教授) 제언 〔양호한 도시경관 형성을 향하여-도시경관은 지역의 공유재산, 경관에 대한 배려는도시생활의 매너-〕 (소화61년 5월)에서

〈야간의 경관형성(抄)〉

도시경관의 향상은 주간뿐 아니라 야간에도 고려되어야 한다. 이것은 국민생활에 여유가 생기면서 야간의 생활시간이 증가하는 측면에서 야간뿐 아니라 야간 도시에도 아름다움, 쾌적성 향상이 한층 더 요구되고 있다. 이 경우, 야간의 도시경관에 대해서는 특히 조명이 하는 역할이 크고 조명상황에 따라 도시이미지를 좌우할 수도 있다. 그럼에도 불구하고 중심시가지에서는 통행자 등의 눈을 어떻게 끌 것인가에 초점을 둔 무질서하고 자극적인 광고조명을 볼 수 있다. 한편으로는 폐점 후의 은행점포에서 볼 수 있는 바와 같이 야간에 중심시가지의 일체성이 확보되어 있지 않은 지구도 볼 수 있으며, 예를 들면 윈도우쇼핑을 즐기는데 적합한 지구가 매우 적다.

더욱이 야간에 건조물을 조명하는 경우, 주위 경관의 디테일을 생략 하면 그 아름다움이 한층 돋보이게 된다. 이러한 관점에서 외국에서는 역사적 전통적 건축물를 다수의 사례가 보이지만 일본에서도 일부 도시에서는 성곽, 모뉴멘트, 공원, 역사적 기념적 시설들을 조명하여 야간경관 향상에 기여하고 있는 예를 볼 수 있다.

앞으로는 도시경관의 향상 이외에 방법 면에서도 기여하기 위해 야간의 도시조명 즉 도시환경조명에 대해 에너지절약 관점도 고려하면서 시책을 강구하도록 검토할 필요가 있다.

도시경관좌담회 명부(경칭생략)

:좌장(50음순)

芦原義信	武藏野미술대학교 교수
有山勇次郎	토쿄도 건축국장
石井幹子	조명 디자이너
井手久登	토쿄대학교 교수 (녹지보전계획)
大林 彌	〔토쿄대학교 교수 (지방자치론)
河北倫明	교토 국립근대미술관 관장
川越 昭	일본 방송협회 해설위원
木村尙三郎	토쿄대학교 교수(서양사)
木村治美	수필가
境屋太一	작가
佐藤安平	요꼬하마시 도시계획국장
中村良夫	토쿄대학교 교수(경관공학)
新谷洋二	토쿄대학교 교수 (도시교통공학)
野崎淸敏	미쯔비시 지소 (주) 대표이사 부사장
平山郁夫	작가
프랑소와즈 모레장	라이프 코디네이터
前田光嘉	도시계획 중앙심의회 회장
松信泰輔	(주)有隣堂 대표이사 사장
丸田賴一	찌바대학교 조교수 (환경녹지계획)
本吉康浩	요미우리신문사 조사연구 본부 주임연구원
柳原良平	일러스트레이터
失的照夫	고베시 도시계획국장
山本敬三郎	시즈오까현 지사
渡定夫	토쿄대학교 교수(도시계획)

「도시환경조명조사위원회」 (위원장 · 山田 學 · 토쿄대학교 조교수)의 양호한 야간경관형성의 기본사고

〈기본사고〉

도시의 야간경관 연출은 조명을 증가시킴으로써 좀더 밝게 하는 것 뿐 아니라 과도한 조명을 제거하고 또는 억제시킴으로써 어둡게 하는 것도 중요하다. 이에 따라 필요한 조명효과를 강조함으로써 야간의 도시경관에 명료성을 부여할 수 있다.

또 도시조명은 에너지 절약을 배려하는 것이 필요하다. 향후 조명과 관련된 에너지 절약효과를 가지는 광원, 기구의 선도적 개발을 기대하는 것은 말할 것도 없거니와 전술한 밝게 하는 것과 어둡게 하는 것의 양자를 계획적으로 진행하는 것은 결과적으로 총량적으로 에너지 절약에도 기여하면서 양호한 야간경관을 연출하는 효과도 있고 이 관점에서 빛과 그림자의 하모니를 목표로 도시 전체에 대한 조명계획을 책정하는 것도 의의가 크다.

더욱이 이러한 도시의 야간경관 연출을보급해가기 위해 도시계획의 관점에서「지침서」와「가이드」의 작성이 필요하다.

도시환경조명조사위원회 명부(경칭생략)
○표시는 위원장, 하단( )는 전임자

○山田 學 : 토쿄대학교 공학부 조교수
石井幹子 : 조명 디자이너
　原 修 : 토쿄대학교 농학부 조교수
新淵昭光 : 토쿄도 건설국 하천부 계획국장
大森政市 : (사)전기사업연합회
村田元六 : 오오사까시 계획국 계획부 기획주사
　　　　　(多多見市藏)
千葉一雄 : (사)일본電設공업협회
南條道昌 : 도시계획가
西脇敏夫 : 요꼬하마시 도시계획국 도시디자인 실장
森 尙之 : 토쿄도 건설국 도로관리부 보전과장
山口守彦 : 나고야시 도시계획국 도시경관실장
　　　　　(石川桂一)
米田德光 : (사)조명학회
若谷佳史 : (재)전력중앙연구소
齊藤六男 : 수도고속도로공단 환경기술과장
秋元泰輔 : 수도고속도로공단 건설기술과장
　　　　　(山內 博)
金子冬吉 : (재)도시미래추진기구 전무이사
조사기획/건설성 도시국 도시계획과

4 ·야간경관에 관한 문헌목록

(1) 경관관련

1. 도시의 이미지 : 케빈 린치, **丹下健三他譯, 岩波書店**, 1959
2. **廣場의 造形** : 카밀로 지테, **大石繁雄譯**, 미술출판사, 1968
3. 인간을 위한 가로 : 버나드 루돌프스키, **平良敬一譯**, **島**출판사, 1973
4. 시간 속의 도시 : 케빈 린치, 동경대학교 **大谷硏究室譯**, **島**출판회, 1974
5. 경관의 구조 : **口忠彦, 技法堂出版**, 1975
6. 도시의 경관 : 고튼 카렌, **北原理雄譯**, **島**출판사, 1975
7. 프라이드 오브 플레이즈 : 시빅 트러스트, **井水久登他譯**, 1976
8. 지각환경의 계획 : 게빈 린치, **北原理雄譯**, **島**출판회, 1980
9. 가로의 미학 : **芦原義信, 岩波書店**, 1979
10. 가로경관 : 제랄드 바크, **長素蓮他譯**, **島**출판회, 1980
11. 일러스트에 의한 도시경관의 정리법 : 데이터 프린츠, **小幡一譯, 井上書院**, 1984
12. 윤택함이 있는 도시만들기 : 윤택함이 있는 도시만들기 연구회, **大成出版社**, 1988
13. 가로의 경관설계 : 토목학회, **技法堂**, 1985
14. URBAN DESIGN의 궤도 : URBAN DESIGN 연구회, **章國社**, 1985
15. 도시경관을 생각한다 : 도시경관연구회, 건설성 도시국, **大成出版社**, 1988
16. 가로경관정비 매뉴얼(안) : 건설성 도시국, **大成出版社**, 1988
17. 수변의 경관설계 : 토목학회, **技法堂出版**, 1988
18. 스트리트 퍼니쳐 : **西尺健**, **島**출판회, 1988
19. 〔신판〕 부지계획의 기법 : 케빈 린치, **山田 學譯**, **島**출판회, 1988

(2) 조명관련

1. 최신 알기쉬운 명시론 : 조명학회편, 1977
2. 조명의 사전 : **松浦邦男編, 朝倉書店**, 1981
3. 도로조명 시설설치기준 · 해설 : 일본도로협회편, 1981
4. 조명교실 N0.55 색채를 살리는 조명(신편) : 조명학회 · 조명보급회편, 1982
5. 조명교실 No.57 도로 · 통로의 조명 : 조명학회 · 조명보급회편, 1983
6. 환경조명의 디자인 : **石井幹子, 鹿島**출판회, 1984
7. 조명교실 No.59 조명의 심리효과 : 조명학회 · 조명보급회편, 1984
8. 라이팅 디자인 사전 : 산업조사회편, 1986
9. 라이팅 핸드북 : 조명학회편, 옴사, 1987
10. 조명교실 No.63 조명컨설팅 Q&A : 조명학회 · 조명보급회편, 1983
11. 빛과 조명의 과학 : **深津正他, 彰國社**, 1988
12. 라이트업 매뉴얼 : 조명학회 · 조명보급회편, 1988
13. 조명교실 No.66 조명의 기초지식 : 조명학회 · 조명보급회편, 1989
14. 조명교실 No.67 광원 : 조명학회 · 조명보급회편, 1989

사진 및 자료 제공

본서 사진게재에 있어서 다음 분들의 협력
을 얻었습니다.

(주)石井幹子 디자인 사무소
岩崎전기주식회사
오르세 미술관(p5. 사진 상)
교토대학교 인문과학연구소(p4. 사진 상)
(주)恩文閣출판
(사)조명학회 조명보급회
(주)GK 설계
지역과학 연구회
近田玲子 디자인 사무소
中國전기공사(주)
디자인 종합연구 廣島
토쿄 국립박물관(p4. 사진하)
東芝 라이테크 주식회사
水原淨 디자인 사무소
(주)일건설계
일본電池주식회사
松下電工주식회사
葉祥榮 디자인 사무소

(50음 순)

또 사례는 각 자치체의 담당자들에게 자료를
제공받았습니다.

이에 대해 깊은 감사를 드립니다.

도시야간경관의 연출기법

김경인 / 브이아이랜드 譯

초판발행 2003년 5월 6일

발행처　(주) 브이아이랜드
판매처　미세움출판사

서울시 마포구 서교동 357-1 서교프라자 617호
전화 02)844-0855
팩스 02)703-7508
http://www.misewoom.co.kr
등록 제313-2007-000133호

ISBN　978-89-85493-33-8　　03540

판매처가 표시되지 않은 도서는 반품을 할 수 없습니다.

정 가　35,000원

파본 및 잘못된 책은 바꾸어 드립니다.